U0245066

SCIENCE
&
HUMANITIES

02

数学科学文化理念传播丛书（第三辑）

徐利治数学科学选讲

徐利治 ◎ 著

数学哲学

Philosophy of Mathematics

大连理工大学出版社
Dalian University of Technology Press

图书在版编目(CIP)数据

数学哲学：徐利治数学科学选讲 / 徐利治著. —
大连：大连理工大学出版社，2018.1
（数学科学文化理念传播丛书）
ISBN 978-7-5685-1235-0

Ⅰ．①数… Ⅱ．①徐… Ⅲ．①数学哲学－文集 Ⅳ．
①O1-0

中国版本图书馆 CIP 数据核字(2017)第 315538 号

大连理工大学出版社出版
地址：大连市软件园路 80 号 邮政编码：116023
发行：0411-84708842 传真：0411-84701466 邮购：0411-84708943
E-mail：dutp@dutp.cn URL：http://dutp.dlut.edu.cn
大连市东晟印刷有限公司印刷 大连理工大学出版社发行

幅面尺寸：188mm×260mm 印张：11.5 字数：163 千字
2018 年 1 月第 1 版 2018 年 1 月第 1 次印刷

责任编辑：于建辉 田中原 责任校对：周 欢
封面设计：冀贵收

ISBN 978-7-5685-1235-0 定价：39.00 元

本书如有印装质量问题，请与我社发行部联系更换。

自 序

    这是一套由 4 卷组成的、重新出版的文集,文集采用了一个较简短的统一书名——徐利治数学科学选讲。详名是"数学科学与哲学及其相关专题选讲"。

    "人处盛世,老不言老。"但我还是乐意表白:在我现今 97 岁高龄时,精神尚未觉老;得知大连理工大学出版社将再版我在 2008 年前后出版的 4 部著作,我很是高兴并感谢。写此序言希望能起到一点导读作用。

    原来 4 部著作分别是《徐利治谈数学方法论》《徐利治谈数学哲学》《徐利治谈治学方法与数学教育》以及《论无限——无限的数学与哲学》。前 3 部都是文集,包括一部分是往年和富有才识的年轻作者(还有当年的弟子)合作发表的文章。许多篇文章中表述了我们自己的研究心得、观点和见解,也提出了一些尚未解决的问题。特别是在《论无限——无限的数学与哲学》一书中,更有一些值得继续深思和研究的疑难问题。

    考虑到书中的某些问题并无时间性限制,对它们的继续探讨和研究,会对数学方法论与数理哲学的发展起促进作用,也会对数学教育与教学法的革新有启示作用,所以在我有生之年有机会再版上述著作,真是深感庆幸和欣慰。

    再版的 4 卷书中,对原著增加了 6 篇文献,且对原来的文章顺序安排做了局部调整。但原著前 3 卷内容仍保持原貌,对第 4 卷 4.10 节与 5.4 节中的几处做了修正和改述。

    卷 1 论述数学方法论。值得一提的是,"数学方法论"(methodology of mathematics)这一学科分支名称及其含义,最早出现于我在20世纪80年代初出版的两本专著中。从此国内数学教育界开展方法论研究的人士与年俱增。2000年起国际大型数学信息刊物 *Math. Reviews*(《数学评论》)已开始将"数学方法论"条目编入数学主题(科目)分类表中(分类号为OOA35)。这表明国际上已确认这一起源于中国的新兴分支科目了。

美国已故的数学方法论大师乔治·波利亚(G. Pólya)提出的"似真推理法",无疑是对数学解题和数学研究都极为有用的思想方法。我们对方法论做出了两项贡献,一是"关系—映射—反演方法(简称RMI方法)",二是"数学抽象度分析法"。国内已有多项著作揭示了这两项方法论成果在数学教育与教学方法方面的应用。

凡是利用 n 次 RMI 程序可求解的问题,即称该问题的复杂度为 n,而求解程序为 $(RMI)^n$,n 为程序阶数。显然这些概念刻画了问题与解法的难易程度与技艺水平,所以对某些类数学教材内容与教法的设计安排都有启示作用。数学抽象度分析法中,有一个极有用的概念,称为"三元指标",可用以刻画数学概念、命题、定理及法则的"基本性、深刻性与重要性"程度。我们希望对此感兴趣的读者,特别是重视数学概念教学的教师们能做出更多深入而有助于教改的研究。

卷2、卷3中的多篇文章,估计哲学爱好者更感兴趣,关注数学思想发展史的教师们也会有兴趣。可以看出,有些文章明显地体现了"科学反映论"观点,相信对协助读者们(尤其是年轻学子们)如何较客观地、公正地分析评论历史上诸数学流派的观点分歧根源与争论实质是有帮助的。特别希望某些文章对读者中的年轻教学工作者及早形成科学的"数学观"能起促进作用。

卷4论无限:这其中的有些基本问题,特别是连续统的双相结构问题,曾使作者从年轻时代一直思考到老年。30岁前后曾花费不少时间去思考 Cantor 的"连续统假设"论证难题。经过多次无效的努力之后,才初步觉醒,在直观上意识到并开始确信:由特定形式的延伸原则与穷竭原则(概括原则)确定的超穷基数序列中的 Aleph 数(如Aleph-1),要求同算术连续统(又名点积性连续统)的基数等价对应起来,是找不到逻辑演绎依据的。事实上,几经考察和试算,发现"连续统基数"无法被表述成前述相似形式的由延伸到穷竭的过程。这样，我们便由"超穷过程论"观点猜想到 Cantor 连续统假设在"素朴集合论"框架内的"不可确定性"。后来，到了 20 世纪 60 年代，我们很高兴地得知美国青年数学家 P. Cohen 在"公理化集合论"框架内，创用"力迫法"(forcing method)成功地(通过建模法)证明了连续统假设的不确定性。这符合我们的一种直觉信念。当然，Cohen 解决的问题已不是 Cantor 集合论中的原来问题。

在卷 4 中我们还给出了非标准分析(NSA)方法的两个应用，一是构造出一个非 Cantor 型自然数模型，可用以精细地解释恩格斯(F. Engels)关于"无限性悖论"的论述内容及意义；二是构造出一个"广义的互反公式"，它既包括了离散数学中的 Möbius 反演公式及其扩充，又包括了分析数学中的 Newton-Leibniz 微积分基本定理，作为其直接推论。但如何把 NSA 方法改造成数学教育中易学好用的工具问题，迄今尚未很好解决。

我们相信，数学基础问题研究者中的直觉主义学派，关于连续统本质问题的观点是很有道理的。由相异实数(坐标点)构成的 Cantor-Dedekind 连续统(即"点组成连续统")是舍弃了"连续性"本质，只保留了"点积性"特征的单相性概念抽象物，才会出现 Zeno 关于运动的悖论，以及点集论中的 Banach-Tarski 分球悖论等怪论。直觉主义派早就认识到"点组成连续统"并非真正连续统，因为一切相异实数点是互不接触的。

事实上，Hegel 在分析 Zeno 悖论时，早就指出连续统是"连续性"与"点积性"两个基本特征的"对立统一体"。(注意，时间连续统与运动连续统都是连续统概念的原型。)所以，只抓住一个特征(例如，"点积性")而认为它是连续统的"唯一本质"，这就是产生悖论的根源。由于一义性的"概念"(例如，数学概念或具有逻辑推导性的理念)不可能表述具有双相性结构的连续统，所以 Hegel 早就认识到连续统是一种"存在"(being)而非一种"概念"。这就是为什么现代数理逻辑家都认为"连续统是什么"还是个逻辑上尚未解决的问题。这也就是加拿大数学家塔西奇(V. Tasic)在他 2001 年出版的《后现代思想的数学根源》(蔡仲，戴建平，译. 复旦大学出版社，2005)的著作中，为什么要把

"连续统"说成是后现代思想中的"隐蔽主题"。有趣的是,他还引述了法国现代哲学家德里达(J. Derrida)为了想表述连续统的"双相性",甚至发明了一个新的单词"延异"(differance)。可惜塔西奇的长篇大论中未能注意到 Hegel 早在 19 世纪就已做出了对连续统双相性结构本质的深刻分析,他的书中一字未提 Hegel。

正是因为受到了 Hegel 关于悖论的哲学分析、Poincaré 内束思想,以及 Robinson 单子模型结构等思想的启发,才使我们提出建立"Poincaré 连续统"的设想。为此我们做出了两个描述性的结构模型。按照某种形式推理,揭示出标准实数点集与 *R 中的单子集合都不能产生直线连续统的测度(真正长度)。线测度必须通过"单子间距"(做成 Poincaré 内束成分)的积累而产生,由此我们发现了比 Robinson 单子(无限小)大得多的"Poincaré 线量子"(半无限小)的概念。还由此得出了一个合理的猜想:应该可以充分利用 Poincaré 线量子概念来构造一种平行于 Robinson 的非标准微积分。

由于 Poincaré 连续统加入了"内束结构"(用到"单子距"概念),因而与单相性的"点积性连续统"概念相区别,所以才能真正体现出直线连续统的长度概念。自然,这更切近物质世界的客观真理。但要由此构建出一套符合模型论条件的数学模式并使之成为易于操作的数学工具,还须做进一步的分析研究,特别需要精心挑选正确而合用的数学新公理。

这 4 卷文集中,题材内容述及一系列近现代的数学思想、哲学观点以及数学建模等问题,希望感兴趣的读者和乐于从事研究者,能由此做出更深入的研究、发展,并取得有意义的美好成果。

徐利治

2017 年 3 月于北京

目 录

数学科学与现代文明①

1 引 言

　　所谓文明,指的是人类社会开化与进步的一般状态和程度,亦指广义的文化,即人类社会历史发展过程中所创造的物质财富和精神财富的总和.因此,数学作为社会进步的标志之一和文明的组成部分,其萌芽可上溯到远古.数学的发展是文明发展的重要内容.

　　例如,中国是世界文明古国之一,而数学作为中国古代科学中极其重要的一门学科,历史悠久,成绩辉煌,它极大地丰富了中国古代文明.《简明数学史辞典》(参见文献[1])中把中国数学的发展按其自身特点划分为五个时期:先秦萌芽时期;汉唐初创时期;宋元全盛时期;西学输入时期;近现代发展时期.就先秦萌芽时期而言,早在远古时代,人们通过生产实践活动,逐渐形成了数量概念,作出了各种简单的几何图形.据《史记·夏本纪》中所述,夏禹治水时期即已使用了规、矩、准、绳等作图测量工具.又由于农业和天文的需要,促使了早期数学知识的进一步发展.到了汉唐初创时期,农业生产要求有更精确的历法,随着天文学的发展,数学知识也不断丰富,众所周知的《周髀算经》正是在这样的历史背景下出现的.特别是《九章算术》的诞生,标志着中国古代数学体系的形成.如此等,乃中国古代文明的重要特色.

　　又如,当我们论及古埃及文明时,无不惊叹于古埃及人所建造的

　　①这是作者与朱剑英、朱梧槚合作的论文.原论文分(上)与(下),分别载于《自然杂志》,1997,19(1):5-10与《自然杂志》,1997,19(2):65-71.收入本书时将其合而为一,并做了校订.

金字塔.这些金字塔都有正规的形体,需要精确的计算,这些均与古埃及迅速发展起来的数学知识密切相关.再如,古希腊人在希腊半岛、爱琴海群岛和小亚细亚西岸一带定居后,创造了人类历史上的古希腊文明,而这一创造蕴含着古希腊数学科学的蓬勃发展.古希腊人首先是从埃及人和巴比伦人那里学到了各种数学知识,并在此基础上创造和发展了自己的数学科学,形成了各种学术团体和学派,著名的Pythagoras学派便是其中之一.该学派将"万物皆数"作为信条.又如,作为雅典第一学派的智者学派,把用数学去解释宇宙现象作为他们的主要研究目标之一.Plato立足于数学教育的文化素质原则(参见文献[2]),在他的哲学学校门口张榜声明:不懂 Euclid 几何的人不能入学.Plato学派的这种极为重视数学的传统,对于西方文明发展的影响极其深远.而古希腊的一批杰出数学家,如 Archimedes 和 Euclid 等在数学上所做的惊人贡献,对于整个人类文明发展的深远影响也是尽人皆知的.

解析几何、微积分学及其诸分支的诞生和发展,伴随着欧洲近代文明的形成及发展.当今各国高等学府中所讲授的高等数学的绝大部分课程内容,也都是人类社会近现代文明发展过程中所结晶的基本数学知识.

1800 年左右,法兰西天才军事家 Napoléon 凭借他的经验与直觉,曾提出"国富民强要依靠数学发达"的著名论点.Napoléon 在青少年时代就很喜爱几何学,并且受教于大数学家 P. S. Laplace.他由此意识到数学对促进物质生产技术的发展和提升人类精神素质的重要作用.

本文将论及数学与现代文明的关系.有必要先对"数学科学"这个词的概念或含义、研究对象与特点等相关问题加以讨论.

近 20 年来,人们越来越喜欢用"数学科学"取代"数学"这个词.理由或许很简单,现在除了分支繁多的纯粹数学之外,还有内容丰富而领域宽广的计算数学、应用数学、统计数学、经济数学和生物数学等.又由于数学渗透到诸如物理、地质等各个学科领域中,而有数学物理、计算物理、地质数学、计算机数学等.如此,具有丰富含义的"数学科学"这个词便自然为科技界所乐用.

当然,我们还应从更深刻的意义上去理解数学科学的含义.首先,哲学从自然、社会和思维这三个领域,亦即从整个世界的存在及其存在方式中去探索客观世界的最普遍的规律性,是人们对于整个世界的根本观点的体系,是自然知识和社会知识的概括和总结.所以哲学与各门科学有着深刻的、本质的联系.数学从量的侧面去探索客观世界.而客观世界的任何对象或事物无不是质与量的对立统一,无不有其量的侧面,这就从根本上决定了数学这一研究领域有其独特的普遍性、抽象性以及应用上的广泛性,并由此进一步决定了数学领域之基础研究与哲学的普遍性处在一种特殊紧密的辩证关系中.

其次,数学也是一门应用抽象的量化方法去研究关系结构模式的科学,或者说数学是以"理想化的关系量化模式"作为其研究对象.如此又决定了数学必然具有研究对象的一般性、方法的普遍性和应用的极其广泛性等特点.

正因为数学是研究量化模式的具有普遍性的科学,而非研究各种特殊的物质运动形态的科学,当今学术界人士才普遍认识到,在科学分类法中,应当把数学与自然科学、社会科学(人文科学)、技术科学相并列,而称之为数学科学.因此,过去把数学纳入自然科学的范畴,并把它和物理、化学、生物等学科并列,实为一种历史性的错误.

2 数学科学与近现代科学技术的发展

现代物质文明的根本标志就是物质生产的巨大进步和物质生活的高度改善,而物质生产的任何进步和物质生活的任何改善又无不以科学技术的发展为其根本条件.

通过对科学技术发展的进一步分析,不难看出,数学科学乃是一切科学技术的先导和基础,从而也是第一生产力的基础.例如,R. Descartes 的解析几何的创建,I. Newton 和 G. W. Leibniz 的微积分的诞生,分别比 J. Watt 发明蒸汽机早 140 年和 110 年.如果没有解析几何与微积分的诞生与发展作为基础,就难以设想以蒸汽机的发明为标志的工业革命的兴起与成功.又如,近代工业实际上起步于 1946 年 J. W. Mauchly 与 J. P. Eckert 的数字计算机的发明,而作为数字计算机之理论基础的 Boole 代数则创立于 1847 年,整整先于数字计算机的发明 100 年.再如,从 20 世纪到 21 世纪的这个跨世纪时期的工业发展,势必以信息化和智能化为特征,而信息化和智能化特征的体现,又势必要以形形色色的非经典数学和非经典逻辑为其先导与基础,只是数学先导于工业发展的时间差,将随着时代的进步而大为缩短,并将日益形成数学科学与工程科学交叉协同发展的局面.

还应指出,数学科学对于生产力中生产管理这一要素,以及作为生产中一切关系之总和的生产关系的作用也是非常根本的.例如,在市场经济中,究竟以怎样的所有制形式去组合,才能对生产力的发展最为有利?产权关系在量的方面如何确定其界限?生产、积累、分配与消费的比例如何优化,以及如何实现其优化动态规划?如何科学地制定生产中的劳动定额?工资制度如何适应生产的发展?诸如此类问题的探索与研究,无一能离开数学这个强有力的工具.一个有趣的事实是,在那些获得诺贝尔经济学奖的学者中,不少人都借助了重要的数学理论和方法才取得成功.例如,1975 年,苏联经济学家康托罗维奇因为创建"物资最优调拨理论"而获奖;1981 年,Tobin 由于给出了"投资决策的数学模型"而获奖.

基于数学科学为一切科学技术发展之基础与先导的观点,根据相关的历史事实,总结为下列两表(表 1、表 2).

表 1　生产工程与数学科学发展

时期	生产工程	数学科学
17 世纪以前	阶段特征:简单工具和简单工程	内涵特色:古代数学与常量数学
17~18 世纪	重大发现:蒸汽机(J. Watt, 1776)	先导的数学学科: (1)解析几何(R. Descartes, 1637); (2)微积分(I. Newton 与 G. W. Leibniz, 1666)
19~20 世纪中期	阶段特征:自动机器与自动工程 重大发明:数字计算机(J. W. Mauchly 与 J. P. Eckert, 1946)	内涵特色:变量数学与数学的近现代发展 先导的数学学科: (1)Boole 代数(G. Boole, 1847); (2)古典集合论(G. Cantor, 1847); (3)多值逻辑(Łukasierwicz, 1920)

时期	生产工程	数学科学
20 世纪中期以来	阶段特征：信息化与智能化生产工具，未来的智能化生产工程 重大发明： (1)数控机床(MIT，1952)； (2)第一台工业机器人(USA，1960)； (3)第一个柔性制造系统(FMS)(USA，1967)； (4)首批计算机集成制造系统(CIMS)(20 世纪 70 年代欧美相继发展)； (5)智能制造系统(IMS)(日本东京大学，1990)	内涵特色：未来的不确定性数学与智能数学 先导的数学学科： (1)概率论(柯尔莫哥洛夫，1936)； (2)模糊数学(L. A. Zadeh，1965)； 相关的数学边缘学科： (1)智能科学(Nilsson，1974)； (2)人工神经网络(Hopfield，1982)

表 2　工业特征、科技进步与数学科学发展的关系

项目	古代	近代	现在	未来
工业特征	体力劳动	强调设备	强调信息	强调知识
自动化特征	无	设备自动化	数字自动化	决策自动化
关键技术	手动	数控(NC)与计算机数控(CNC)等	CAD/CAM，FMS，CIM，MIS，C³ 等①	AI，IMT，IMS，ICS 等②
控制理论	无	经典控制论	现代控制论	智能控制论（大系统理论）
数学科学	算术与几何	微积分	现代数学	智能数学

①CAD/CAM(计算机辅助设计/计算机辅助制造)，FMS(柔性制造系统)，CIM(计算机集成制造系统)，MIS(管理信息系统)，C³(计算机、通信、控制或指挥).
②AI(人工智能)，IMT(智能制造技术)，IMS(智能制造系统)，ICS(智能控制系统).

现在，人们常说，人类社会已进入计算机时代，我们已生活于信息社会中，从表 1 和表 2 中可以看出，计算机与信息科学技术的进步无一不与数学的发展息息相关，现代数学发展的新动向有如下三点：

(1)数学与控制论、信息论、系统论等学科的相互渗透日益广泛和深入；

(2)数学方法和计算机应用的相互促进与日俱增，并且不断提高到新水平；

(3)数学方法与数学技术(如模型技术等)在一切高新技术开发研究中的应用也日趋宽广和深入；

实际上，正是由于现代数学在应用上的极端广泛性，才加速了现代科学技术的发展. 而正是由于现代科学技术的迅速发展，才加速了物质文明的提升. 所以，归根结蒂可以认为，数学科学的发展直接或间接推动了现代物质文明的提升. 应该说，二者是互为因果而又互相推动的. 数学科学的发展要适应社会物质文明提升的客观需求，而社会物质文明的提升又进一步促进数学科学的发展.

在当今世界物质生产技术中，诸如石油勘探、飞机制造、工业产品换代、宏观经济数学模型的设计、生产过程的优化控制与运筹、大型工程的设计和通讯工程中的信息处理等，无不运用大量的现代数学工具，如数学模型技术、科学计算方法、Fourier 分析、概率统计数学、非线性分析、拓扑学和泛函分析等. 而现代天文学、地质科学、地震与气象预报等领域中对于数学工具的利用更是众所周知的事实，如模糊数学和各种非经典逻辑等.

特别引人注目的还有数学在现代医学技术中的应用. 例如，作为本世纪医学技术创举之一的 CT（即 X 射线计算机层析摄影仪）就是应用 Radon 积分变换原理所制造的仪器，美国的 Cormack 和 Hounsfield 因此而获得 1979 年诺贝尔医学奖. 又如，国外近年来还利用模型技术对艾滋病提出了有用的数学模型，如 HIV 传播动态模型等. 对于肿瘤病也有各种数学模型，如 Mendelson 模型和 Gompertz 模型等.

此外，工程控制论几乎可以说就是一门特殊的数学学科. 特别值得注意的是模糊数学的创始人 L. A. Zadeh 是一位著名的控制论专家，而不是一位纯粹数学家. 现在，工程科学与数学相互渗透，实际上是促进工程诸学科与数学科学发展的必然趋势和必然途径. 更现实地说，当今一项工程设计，往往是众多数学分支同时成为其有力的工具. 例如，有限元计算、非线性方程理论和优化理论等，都是航空航天器设计中必不可少的数学工具.

美国学者 Douenss 教授，曾从文艺复兴到 20 世纪中叶所出版的浩瀚的书海中，精选了 16 部（自然科学与社会科学）名著，并称其为"改变世界的书". 在这 16 部名著中，直接运用了数学工具的著作就有10 部. 其中 5 部是属于自然科学范畴的，它们是：N. Copernicus 的《天体运行论》(1543);William Harvery 的《心血运动论》(1628);I. Newton的《自然哲学的数学原理》(1687);E. Darwin 的《物种起源》(1859);A. Einstein 的《相对论原理》(1916).另 5 部是属于社会科学范畴的,它们是:Thomas Paine 的《常识》(1776);Adam Smith 的《国富论》(1776);T. R. Malthus 的《人口论》(1789);Karl Max 的《资本论》(1867);A. T. Mahan 的《论制海权》(1890).在 Douenss 所选的 16本改变世界的著作中,若论直接或间接地运用数学工具的著作,则无一例外.由此可毫不夸张地说,数学乃是一切科学的基础、工具和精髓.

总而言之,由于数学工具在现代科技中的广泛应用,促进了现代物质文明和人类社会的生活水准的提升,这已是毋庸置疑的事实.

3 数学科学与文化素质教育

数学科学的发展与文化素质教育密切相关.人类文化素质的提升与人类物质文明、精神文明建设之间的密切关系是不言而喻的.

M. Kline 指出:"一个时代的总体特征,在很大程度上与这个时代的数学活动密切相关."张楚廷进一步指出:把数学视为上述 M. Kline所述意义下的文化,是许多数学家感兴趣的.而且"数学像人类文明一样古老"."最古老的文化,最通用的语言,最普遍的课程,最恒久的科学,这些'最'字都可用到数学上来."(参见文献[5])事实上,数学是一种文化,这也是古已有之的一种共识. 只是由于数学科学在应用上的极端广泛性,特别是 18 世纪微积分诞生以来,它在应用上的光辉成果,更是一个接着一个,久而久之,数学所固有的那种工具的品格就愈来愈突出,以致人们渐渐淡忘了数学所固有的和更为重要的那个文化素质的品格.数学教育中的实用主义观点日益强化,特别是工程界的数学教育,更是向纯粹工具论的观点倾斜,数学中的文化素质原则变成了少数数学哲学专家的研究内容,而不为广大数学教育工作者所重视,更不为广大受教育者所了解(参见文献[2]).为此,似有必要古识重提,重新议论一番"数学是一种文化"这个古已有之的共识,进一步论述一下数学科学的发展与文化素质教育之间的密切关系.

萧文强曾把数学教育之目的归纳为如下三个方面:其一是思维训

练之实施;其二是实用知识之获取;其三是文化素养之提升.而且认为,如果"把数学仅视作一种技能和一件工具去传授,那么纵使我们传授了知识,亦必掩盖了数学作为文化活动的面目",在这种狭义的数学教育方式下,造成"绝大部分学生都与数学疏离,或者厌恶、害怕它,或者对它冷漠,很多学生毕业后像完全没有上过数学课,只当它是噩梦一场!"(参见文献[6]、[7])对于"才、学、识"而言,数学的"才"是指计算能力、推理能力、分析和综合能力、洞察能力、直观思维能力、独立创造能力等;数学的"学"是指关于各种数学方法、数学概念与定理、算法、理论方面的知识等;数学的"识"是指分析、鉴别数学问题及有关知识,再经融会贯通后获得个人见解的能力.如果单纯是"学"的传授,这是一种狭义的数学教育.只能"才、学、识"三者兼顾的数学教育才是广义的数学教育."这种广义的数学教育不把数学仅仅看作是一件实用的工具,而是通过数学教育达到更广阔的教育功能,这包括数学思维延伸至一般思维,培养正确的学习方法、态度、良好的学风和品德修养,也包括藉数学欣赏带来的学习愉悦而至于对知识的尊重."(参见文献[6]、[8])

在文献[2]中,我们曾以古代的 Plato 哲学学校和当代的美国西点军校重视广义数学教育为例,漫谈了教育中的文化素质原则.前面已提及,Plato 曾在他的哲学学校门口张榜声明,不懂几何学的人,不要进入他的哲学学校.这并不是因为他的学校里所学的课程非要用到这样那样的几何定理或知识不可,相反地,"Plato 哲学学校里所设置的尽是些关于社会学、政治学和伦理学的课程,所探讨的问题也都是关于社会、政治和道德方面的问题,并由此去研究人们的存在、尊严和责任,以及他们所面对的上帝与未知世界的关系."(参见文献[2])试问诸如此类的课程与论题,究竟在多大程度上必须直接以 Euclid 几何定理作为研究工具?特别是古希腊时期,显然谈不上要直接以几何知识为基础,才能去学习这类课程或探讨这类课题.所以,Plato 要求他的弟子们通晓几何学,绝非着眼于数学之工具品格,而只是立足于数学教育的文化素质原则.也就是说,不经过严格的数学训练的人是难以深入讨论他所设置的课程或上述一类高级课题的.据悉英国律师至今要在大学里学习许多数学课程,这也不是因为英国律师所学习的那些法律课程都要以高深的数学知识为基础,而只是出于这样一种考虑.那就是通过严格的数学训练,"使之养成一种坚定不移而又客观公正的品格,使之形成一种严格而精确的思维习惯,从而对他们的事业取得成功大有助益."(参见文献[2])这就是说,英国人认识到数学的教育,绝非单纯传授数学知识,而是陶冶一个人的情操,锻炼一个人的思维,提升一个人的素质的综合水平,这就是立足于数学教育的文化素质原则.闻名于世的美国西点军校被誉为西方名将的摇篮.建校将近两个世纪,美国许多高级将领都是西点军校的毕业生,如第一次世界大战时期的欧洲远征军司令潘兴,第二次世界大战时期的名将巴顿、艾森豪威尔、麦克阿瑟等.军校规定学员们必修许多高深的数学课,"其目的并不在于未来实战指挥中要以这些数学知识作为工具,而主要是出于如下的原则:那就是只有经过严格的数学训练,才能使学员在军事行动中,把那种特殊的活力与高度灵活性互相结合起来,才能使学员们具有把握军事行动的能力和适应性,从而为他们驰骋于疆场打下坚实的基础."(参见文献[2])

美国西点军校对于数学课程的设置,并非只是着眼于传授知识的狭义的数学教育,而是立足于提高学员文化素质的广义的数学教育.当然,此说并非认为现代数学本身在现代战争中不重要.事实刚好相反,如 F. W. Lanchester 就建立了战争的数学模型(微分方程).他曾指出军队的集中调动在现代战争中的重要性.求解其模型可推出 Lanchester 平方定律:作战部队的实力同所投入的兵员数的平方成正比.这一模型经二战中的美日硫磺岛之役的验证是相当精确的.再如,海湾战争中,诸如运筹学、优化技术与可靠性方法等都在实战中发挥了重要作用,正如王梓坤在文献[9]中所指出的那样:"人们说第一次世界大战是化学战(火药),第二次世界大战是物理战(原子弹),海湾战争是数学战."

不过,几乎可以认定,上述的学生或学员,当他们后来真正成为哲学大师、著名律师或运筹帷幄的将帅时,实际上早把学生时代所学到的许多非实用性的数学知识忘得一干二净了,但他们在当年所受到的数学训练,却一直在他们的事业、生存方式和思维方法中起着重要作用,并受用终身.正如日本数学家和数学教育家米山国藏所指出的:学生进入社会后,几乎没有机会应用他们在初中或高中所学到的数学知识,因而这种作为知识的数学,通常在学生出校门后一两年就忘掉了.然而不管人们从事什么业务工作,那种铭刻于头脑中的数学精神和数学思想方法,却长期地在他们的生活和工作中发挥着重要作用.这些论述和见解既深刻又精辟.因此,对数学的教育与学习,应放弃和扫除那种纯粹实用主义和纯粹工具论的观点,应贯彻文化素质的原则,唯有这样,才能在数学训练中更好地领会数学精神和数学方法.

我们曾在文献[2]中,列举了《数学家言行录》(参见文献[10])一书中的若干条目,借以阐述数学文化在陶冶人的情操,提升人的素养中的作用,不妨再次引录如下:

数学能够集中和强化人们的注意力,能够给人发明创造的精细与谨慎的谦虚精神,能够激发人们追求真理的勇气和自信心……数学比起任何其他学科来,更能使学生得到充实,更能增添知识的光辉,更能锻炼和发挥学生们探索事理的独立工作能力.

——E. Dillmann

教育孩子的目标应该是逐步地组合他们的知和行.在各种学科中,数学是最能实现这一目标的学科.

——Immanuel Kant

每一门科学都有制怒和消除易怒情绪的功效,其中尤以数学的制怒功效最为显著.

——Rush

数学能唤起热情而抑制急躁,净化灵魂而使人杜绝偏见与错误.恶习乃是错误、混乱和虚伪的根源,所有的真理都与之抗衡.而数学真理更有益于青年人摒弃恶习.

——John Arbuthnot

总之,数学的学习与教育,对于陶冶人的情操和提升人的精神素质有重要作用,从而对于现代物质文明、精神文明建设都有着不可估量的潜在作用.这表明在数学教育中贯彻文化素质的原则,不仅关系到科技人才的培养,而且直接关系到整个民族文化素质的提高.我们要加强与重视数学的学习与教育中的文化素质原则,为进一步提高全民族的文化素质和建设现代文明而努力奋斗.

4　数学科学与科学宇宙观的演变

人类是宇宙运动的产物.人类作为地球上的万物之灵,总是力图弄明白产生人类之宇宙的结构和性质.几千年来,在人类社会发展的每个历史时代,人们对宇宙所持有的时代性的认识和看法,相应地形成了时代性的宇宙观,这些不同的宇宙观同时也标志着人类认识自然的开化与进步的状态.因此,人类的物质文明与精神文明的发展水平,也在人类的时代性的宇宙观上部分体现出来.本节主要论述数学科学的发展与各个时代性的宇宙观的形成之间的密切关系.

天文、物理、化学与生物等学科不断地取得巨大成就,也就不断地促使人类的宇宙观得以提升和发展.数学作为天文学和各门自然科学的有力工具,它的自身发展与广泛应用,使人类对宇宙的性质与结构的认识不断深化,从而影响着人类宇宙观的演变.

张筑生在论及数学与宇宙观的关系时指出:"关于哥白尼(N. Copernicus)的贡献,有这样一种流行的说法:从前人们认为太阳绕着地球转,哥白尼纠正了这一谬误,指出是地球绕着太阳转.其实,运动都是相对的,本无所谓谁绕着谁转.人们观察运动,需要一个参照系.Ptolemy的'地球中心说'将参照系固定于地球;哥白尼的'太阳中心说'将参照系固定于太阳.'地心说'是一种数学模型,'日心说'也是一种数学模型.'地心说'能够解释太阳和其他恒星的视运动,应该说也具有相对真理的作用.但对于解释行星的视运动(当时只知道金、木、水、火、土五大行星),'地心说'却显得极其笨拙(用了几十个圆周运动的复合尚且不能自圆其说).'日心说'取代'地心说',实质上是用一种较好的数学模型取代了一种蹩脚的数学模型.""哥白尼模型用以解释行星的视运动仍有相当的误差.天文学家积累了丰富的观测资料,却无法对此做出解释.Johann Kepler 在大量观测资料的基础上进行思考,终于认识到必须进一步用更好的数学模型修正哥白尼的模型.经过数十次的假设、试算并检验拟合程度的艰苦探索之后,J. Kepler 提出以椭圆轨道模型代替哥白尼的圆形轨道模型,并在此基础上提出了著名的行星运动三大定律."(参见文献[12])如上所论,乃是 16 世纪以前的宇宙观的演变,其归根结蒂不过是一些数学模型的变换.

至于科学宇宙观的近现代发展,理应从 Newton 时代说起.自从17 世纪 Newton 和 Leibniz 不约而同地创建微积分学(Newton 称之为流数术与反流数术)后,这一强有力的数学工具的出现,使 Newton 得以建成那个时代的力学体系,完成《自然哲学的数学原理》这一名著.Newton 的贡献促使人们形成了早期的机械论宇宙观,即认为宇宙是按照绝对意义下的时空框架(模型)构建而成的.在这样的宇宙模型中,时间和空间是两种彼此分离的独立存在,而宇宙空间中的种种运动着的体系,都是按照同一个时钟来计算流逝着的时间的.但是,Newton 所发现的"万有引力定律"和他所继承的 Galileo 的"惯性定律",只是正确地肯定了事物间的效应和物体运动的惯性,却无法解答宇宙机器(如太阳系的行星等)是如何开动起来的问题,即所谓"第一推动力"的问题.为此,Newton 只好求助于上帝,即产生所谓"造物主的最初一击".如此,机械唯物主义的宇宙观必然导致"神必存在"的信念.后来,Newton 投入很多时间去研究神学,还注释《圣经》中之《约翰福音》等,这些就不难理解了.

A. Einstein 的重大贡献在于时空关系相对性的发现.他在肯定了宇宙中的光速为事物运动之最大可能速度的前提下,断言任何运动体系中的时间都是按相对于该体系而言的"光行距"来度量的.例如,光从某体系中射出,每走 30 万千米,相对于该体系而言,就经历了 1 秒.如此,不同的运动体系,都有着自身之独立的时钟来度量流逝着的时间.比方说,从你那里发射一束光,当光走到 30 万千米处时,你的表上正好经历了 1 秒.又若你在发射该光线时,同时同向发出一光子火箭,而该火箭在到达 1 秒时,正好走到 15 万千米处,即追上了光行距的一半,那么火箭上的观察者只感到减半后的光行距,因此火箭上的时钟只经历了半秒钟.这表明不同体系内的时钟走速不同,且与该体系之运动速度有关.

Einstein 的这个以光行距来度量时间的"光速不变原理"反映了宇宙中的一种客观现象.他的狭义相对论就是以这一原理为基础,再以数学方法建立起来的符合客观规律的近代物理理论.后来,他又用了诸如 Riemann 几何、张量分析等数学工具,建立了以"引力场理论"

为中心的广义相对论,卓有成效地描述了大尺度宏观宇宙的结构性质与运动规律,一些猜测和预言均已获得天文观测的验证.因此,相对论宇宙观已成为现代科学文化人所普遍接受的宇宙观,而广义相对论也已有了它自身的完全严格的数学表述形式.

　　然而,Einstein 的广义相对论只是解释了处在演化过程中之大尺度宇宙现象的规律,它没有也不可能从整体上去回答诸如"宇宙从何而来""宇宙是什么及怎样开始""宇宙有没有末日"等一系列涉及宇宙始末的深刻问题.当然,人们也可引用"上帝创造世界"一类信念去逃避问题,可是简单的信念是不能满足现代科学文化人对宇宙奥秘之好奇心的.幸好在近现代数学工具的作用下,现代天文学和天体力学等学科有了长足的进展,促进了宇宙论的现代发展.人们通过观测和推证,提出了诸如"大爆炸"的科学假设或科学理论,并且发现了"黑洞"等所谓宇宙奇点现象.而大爆炸这种假设或理论又与广义相对论所断言之宇宙膨胀说是一致的.事实上,宇宙膨胀的客观现象,已于 1929年由 Edwin Powell Hubble 所观察到的远方星系的红移现象所证实.实际上,诸星系之间的距离一直在增大.而 Arno Allan Penzias 和 Robert Woodrow Wilson 于 1965 年检测到的宇宙由爆炸与膨胀所产生的千古不绝之音,都直接或间接地证实了俄罗斯数学家兼物理学家亚历山大·弗里德曼关于客观宇宙所做的两个极为简明的假设:我们不论往哪个方向看,或者不论在何处进行观察,宇宙看起来都是一样的.弗里德曼的这一宇宙模型已经不断地被后来的天文观测所验证.但是大爆炸理论(实为科学假设)毕竟是人类探索宇宙结构由来的一种阶段性认识,这种理论仍然回答不了宇宙创始问题,即为何能产生大爆炸的最初一瞬的问题.

　　英国当代宇宙论科学家 S. W. Hawking 在前人工作的基础上,对宇宙结构演化问题的研究做出了极为引人注目的贡献.20 世纪 70 年代,Hawking 和他的合作者运用数学方法,证明了著名的"奇性定理",并因此获 1988 年 Wolf 物理奖.他还证明了黑洞面积定理,即黑洞面积是时间的非降函数.1973 年,Hawking 发现了黑洞的辐射现象,进而将引力、量子力学与统计力学统一起来.20 世纪 80 年代后,Hawking 致力于研究量子宇宙论,并写出他的名著——《时间简史》

(参见文献[13]). 他在此书中运用极通俗的语言, 深入浅出地阐述了宇宙图像、时空概念、不确定性原理、基本粒子与四种力、黑洞结构、宇宙起源和时间箭头等问题. Hawking 及其合作者的研究, 又使我们从 Einstein 的相对论宇宙观跃迁到一个更新更高的水平. 从《时间简史》一书中的一系列颇具说服力的论述来看, 对于宇宙的结构与演化可理解为: 宇宙是由空间和时间所构成的一个有限而无界的四维曲面, 正如地球表面是有限而无界的二维曲面那样, 它既没有开端也没有终结, 而是一个完全自足、自在的演化系统, 其中一切演化规律也都是本来具有的. 正因为宇宙是完全自足的既无开端也无终结的自在者, 它本身就是一种绝对存在, 所以就不能问, 也不必问谁是宇宙的创造者, 任何有关造物主的概念对于现代科学宇宙观而言, 可以说已经成为多余的了.

Hawking 一派的方法是值得注意的, 他们作为宇宙论科学家, 坚持科学的真理(包括规律与现象)是必须能被观测、证实和检验的. 所以, 他们特别重视天文学、天体力学和物理学中被发现和验证过的众多事实与客观现象. 这表明他们极为尊重科学归纳法, 并根据归纳法去做合理的推测和预见. 另一方面, 他们又精心使用数学工具去证明涉及宇宙结构形式(如黑洞等)的宇宙论定理, 这表明他们又十分重视演绎法. 所以, Hawking 的现代科学宇宙观可以说是兼用归纳法与演绎法取得重大成就的一例.

显然, 数学科学、宇宙观和现代文明三者是不可分的. 无论从 Ptolemy 到 Copernicus、Kepler, 还是从 Newton 到 Einstein, 又从 Einstein 到 Hawking, 数学工具和数学模型方法都像一条红线那样贯穿始终. 没有数学科学的近现代发展, 也就没有科学宇宙观的演变和发展. 数学科学在宇宙观的演变过程中, 不仅起到验证和预见作用, 同时还起到了发展事物间的新关系的作用. 甚至当代宇宙观的表述也离不开数学术语与概念的使用, 有限而无边界的四维闭曲面的宇宙模型就是典型一例. 总而言之, 数学科学对于宇宙观的演变和发展起到了根本作用, 因而, 也对现代物质文明与精神文明的建设起到了根本作用.

5 数学科学与头脑编程

人类社会的现代文明在很大程度上取决于科学技术发展的一般水平,而科学技术的发展水平又在很大程度上取决于社会人群的智能开发状况.因而近年来,国内外认知心理学界已十分重视开发人的智能这类问题.由于受到计算机软件新技术和软件功能的启发,人们已着手研究头脑编程问题.所谓头脑编程,就是对人脑编制软件,这已被认为是当代心理学领域个人智能改进技术的一项重大研究课题.头脑编程的内涵如下:已知人的大脑分为左、右两半球.总体来说,大脑具有记忆、分析、综合、概括(抽象)、归纳、判断、推理、联想(想象)、猜测、审美等功能或能力.因此,在已经具备某种程度的知识基础上,怎样组合和调配好如上所述的种种功能和与之相关的各种知识,使之编入某种合理的系统、程序或模式中,以使人脑成为一种发现、发明(创造)和解决某类问题的有效的灵活机制,便是头脑编程研究的主要课题.

正因为数学是研究关系模式的科学,特别是现代数学在创制模式、分析设计模式上有很高的技术水平和美学标准,因此数学知识及其方法对于头脑编程的理论、方法和技巧等问题的研究将起到根本作用.可以说,头脑编程问题的研究将和现代计算机科学、计算机软件新技术的研究一样离不开数学科学.而头脑编程的深化和普及,必将对人类社会的物质文明和精神文明的建设起到积极作用.

不妨先列举几个数学方面的具体实例来说明头脑编程的重要意义:

例 1 小学生头脑中记住了"九九乘法表",头脑中就有了一个简单的程序,由此便能快速地计算个位数相乘的积.

例 2 中国的史丰收正是由于在自己的头脑中编进了种种特殊的"乘除法程序"及其调用程序,他才能像耍杂技那样表演多位数字的乘除运算,其运算速度之快令人惊叹不已.

例 3 18 世纪大数学家 Euler 也是由于长期的计算实践,在头脑中编进了各种级数的运算规则及其调用程序,因而能熟练和巧妙地分析、计算各种各样的级数和.

梁之舜在文献[14]中十分简要地介绍了国外近年来关于头脑编程的研究状况.他指出:"最近在国外,特别是在美国流行着几套不同类型的书和录音带.如 *The Silva Mind Control Method*(Silva 头脑控制法),*Neurolinguistic Programming*(神经语言学编程),*Triggers — A New Approach to Self-Motivation*(触发——自我激发新技术)等.他们概括为头脑编程(mental programming)理论,即对头脑编制软件,并认为类似近代科学技术中的航天技术、计算机、器官移植、遗传工程、遥远通讯等是各门学科的突破,头脑编程也是心理学领域个人智能改进技术中的一种戏剧性的突破.这些书和录音带畅销世界,所办的培训班推行到全美和 80 多个国家,据报道,产生了神奇的效果."而从理论的探讨和经过一些办班培训实践,很多人倾向于承认:天生每一个正常人的头脑,都像一个同类微型计算机的硬件,并无功能上太大的差别,但后天环境的影响,学习和教育特别是所谓"自我激发"的作用却像编制了特殊程序的软件,使头脑这个微型计算机的功能大大增加,甚至达到不可思议的程度,也因此而显示个体的差异.但应注意,我们不能由此认为个体的差异完全决定于后天的软件,而与先天的硬件毫无关系,也就是说,我们并不主张所有的先天硬件,即每个正常人的头脑完全相同.应该承认先天的硬件存在着功能上的差别,有时这种差别还十分明显,就像一代一代的不同型号的计算机存在着功能上的差别一样,再加上后天配置的软件不同,使得个体的差异有时达到相当惊人的地步.当然,先天的硬件在功能上的某种缺陷,还能在后天的软件功能基础上得到弥补,所以归根结底,影响个体差异的决定性因素仍然还是后天的软件,也由此而足见头脑编程的研究,对于提高社会人群之智能的重要意义.

另外,Rossele 在《大脑的功能与潜力》(参见文献[15])一书中,曾通过调查研究而提出如下论点:

(1)成人的大脑仍有相当大的可塑性,依然存在着可重新调整和代偿的机能,并在一生中继续生长和发育.

(2)通常一个人的一生,只用了大脑潜能的千分之一左右.

(3)开发大脑潜能,将会促使大脑功能进化更快.

上述几个论点,正好从理论上阐明了"头脑编程"的可能性和必要性.现在国外的认知心理学家,正和神经生理学家、数学家和计算机科学家互相协作,共同探索和研究头脑编程的相关课题.当然,这还是一个新课题,但此项研究的深远意义已不难洞见.不妨设想一下,如果社会上的广大受教育者都能通过各种良好的头脑编程训练,得以大规模开发智能潜力,那么对于科技进步和生产力的发展,将会起到何等巨大的作用!如果又在进行头脑编程训练的过程中,恰当地掺入美学题材和道德规范内容,那么对于提升社会人群的综合文化素质和改变社会精神文明面貌,也将起到不可低估的作用.

对于头脑编程,我们认为可分如下三个层次进行研究:

(1)算法编程的研究,即研究人们所需要掌握的简易、常用的知识和技术的算法程序,使得人们经过相应的训练后,能在头脑中获得相应的编程,并能随时调用相应的程序去解决问题.

(2)模式编程的研究,即研究人们所需要掌握的较高知识体系和处理问题的方法论模式化编程问题,使得人们可随时调用某种关系结构与方法论模式,并结合某种灵活的技巧,处理好待处理问题.由于这里的模式是作为理想化的关系与方法论原则出现的,从而比算法编程要高一个层次.

(3)以发明心理学为基础的头脑编程的研究,这种研究需将审美判别准则和思维辩证原则引入编程,最大限度地激发人的创造性潜能.所以,这也是最高层次的头脑编程问题.若在这类编程中能体现出Poincaré-Hadamard 在数学发明心理学中所阐明的观点和法则(参见文献[16]),则其将是头脑编程问题研究中的一项重大突破.因为这类相当艰辛的研究一旦获得成功,将使人类的创造性潜能得以高度激发,将使人类改造世界和解释世界的能力高度增强,将对人类现代物质文明和精神文明的提升产生不可估量的历史性影响.

显然,在上述第三层次问题的研究中,对于数学科学的需求,必将远远超越知识性与技巧性的层次,上升到方法论模式、思想性原则和数学发明心理境界.所以不妨认为,诸如如何建立发散思维与收敛思维相互为用的方法论模式与程序,使之纳入头脑编程;如何将 I. P. Pavlov 的条件反射定律、Poincaré 的审美选择原则和科学方法论中的关系—映射—反演原则运用到头脑编程中去;如何根据头脑编程的观点和方法,对初、高等数学在内容与方法上进行全面合理的改革等,都将成为有志于从事头脑编程研究的专家们所要探索的重大课题.

6 数学科学与美学原则[①]

马克思曾明确指出:人类是按照美学的规律去改造世界的.这就是说,美不仅是现代科学文化人所要追求的目标之一,而且也是现代物质文明和精神文明高度提升的实际标志之一.人类的物质生产活动,现代科学技术的发展,都是按照美学的规律而进行的.数学科学当然也毫不例外.所以,科学家和数学家依美学的观点去探索和研究客观世界,并有所发明创造,当是一件顺理成章和易于理解的事情.因此,弄明白数学和美学之间的关系,也就进一步从美学原则与审美意识这个侧面探明了数学科学与现代文明的高度发展之间的关系.

我们曾在文献[17]中指出:关于数学与美学之间的关系的最早论述,可以追溯到公元前6世纪的古希腊时代.例如,Phthagoras学派就提出过美学的研究对象不仅是艺术,而且包括整个自然界.他们还把数的和谐的原则用于对音乐的研究,发现弦在振动时所发出的音调的强度与弦长成反比,又发现与自然数(如$1,2,3,\cdots$)成比例的弦长所发出的音调最和谐.后来,他们又把这个发现推广到无法用实验验证的"球体音乐"中,即认为地球到各个行星的距离必成音乐级数,其相互关系与单弦在振动时发出的谐音的弦长关系相同,从而形成了"诸天音乐"或"宇宙和谐"的论断.他们把数视为构成宇宙的基本因素,数的和谐构成了宇宙的和谐,美就是从这一和谐中产生出来的.按他们的理解,一切按照数的秩序所构成的形式,如节奏、对称、多样性的统一等都是美的.古代还有不少大学者谈论过数学与美学的关系,如古代哲学家兼数学家Proclus曾断言:"哪里有数,哪里就有美."Aristotle也曾指出:虽然数学没有明显地提到美,但数学与美并非没有关系.因为美的主要形式就是(空间的)秩序、匀称和确定性,这也正是数学研究的一种原则.甚至文艺复兴时期艺坛三杰之一的Da Vinci也曾像研究数学一样地研究过人体美,Da Vinci是举世闻名的大画家,也是自然科学家和哲学家,他在他所画的一张人体比例图上注以下述

[①]本节部分内容直接取材于参考文献[17]、[18].

文字说明:叉开两腿使身高降低十四分之一(如身高为 1.78 m,则下降 0.13 m),再分举两手使中指端与头并齐,此时肚脐眼恰是伸展的四肢端点的外接圆中心,两腿当中的空间构成一个等边三角形.这段文字不失为美学与数学间的关系的一种体现.Da Vinci 兼艺术家和学者于一身,乃其崇尚世界之和谐统一性所决定的,亦为时代与发展趋势之集中体现.

但应注意,人类对于自然界的认识,自古希腊到文艺复兴时期,整整经历了一个从原始综合到分化发展的历史阶段.虽说美学思想早在我国先秦时代和西方古希腊时代就已产生,人类之审美意识的确立甚至更早,但古代的美学思想通常都是以哲学的论述形式出现,那时的科学和艺术都是统属于哲学范畴的,后来随着人类社会的进步和发展,各门科学的分工越来越细,美学也不例外.由于人类审美心理功能的研究愈来愈深入,审美意识与美学思想也愈来愈丰富.到了 18 世纪中叶,美学也从哲学领域中分化出来,并由此而形成一门独立的学科.此时科学与艺术也开始分化,直到成为两个很少发生联系的领域.特别是后来的绝大多数美学家都渊源于文学家和艺术家,在他们潜心研究文学与艺术的时候,更是不涉及科学美.随着各门学科的专门化的步伐日益加快,艺术与科学的分离也越来越远,学校的教育也不论及两者之间的关系,久而久之,只有艺术美而没有科学美的观念就逐步形成了,以至于著名哲学家和美学家 Kant 也对科学美持完全否定的态度.在他看来,不仅只有艺术美而无科学美,而且若有一门科学被认为是美的,它必定是一个怪物.著名学者如是说,那么不承认科学美与数学美的人就难免广为存在了.但是,由于近百年来科学技术的突飞猛进,随着人类认识能力的提高和精神、物质文明的进步,如何正确认识科学美和艺术美的问题,又在一个新的层次上提出来.许多有杰出贡献的科学家和数学家再次意识到,探索和研究科学、数学与美学之间的关系,对于现代科学技术的发展,对于现代物质文明与精神文明的建设具有重要意义.由于各种边缘科学的不断涌现,各门学科之间不断地互相影响和互相渗透,人类对于整个自然界的认识,又从分化发展回复到全面综合的阶段.从而艺术与科学分手之后,今日却要互相融合,当今的艺术日益需要科学化,而科学则日益需要艺术化,艺术美和科学美、数学美又在一个新的层次上达到了统一.人们对于科学与艺术,以及数学与美学之间关系的认识,由此而达到了一个新的高度,以至人们重新意识到,当今有关科学美与数学美一类问题的提出和研究,既是人类现代文明高度提升的必然趋势,也是时代进步的一个重要标志.

美学被定义为研究人类对现实的审美活动的特征和规律的科学,然而美是无限多样的事物共同内涵的本质属性,或者说是客观事物形象中那些能激起人的美感的属性.对于这一属性的具体内涵,各家有着多种不同的探索.例如:

古典主义:美是形式的和谐.

新 Plato 主义:美是上帝的属性.

理性主义:美是完善.

经验主义:美是愉快.

启蒙主义:美是关系.

德国古典主义:美是理念之感性的显现.

俄国革命民主主义:美是生活.

对于同一事物的理解深度,往往因人而异,对于美的认识和理解也不例外.而人是一种有感情的高等动物,因而各人对于美的认识和理解,也难免带有种种感情色彩.例如:

孟子:充实之美.

车尔尼雪夫斯基:符合我们人生观的生活便是美.

Heraclitus:美是实物世界的属性,又是相对的属性;美是对立面的斗争.

Hegel(德国古典主义者):美是理念的感性显现,诚实、道德、无欲,生理与心理的和谐为美;简单是美的印迹;美是真理的光辉.

数学家对于美,往往有其独特的见解.如 Poincaré 指出:"数学家非常重视他们的方法和理论是否优美,这并非华而不实的作风.那么,究竟怎样的一种解答或证明算是优美呢?这就是各个部分之间和谐、对称以及恰到好处的平衡等.一句话,就是井然有序、统一协调."

如上所述,各家对于美的认识和理解有所差异,但从总体上来看,依然能找出一种对于美的共同认识.对于数学美而言,也会有它特定的客观内容和形式. Poincaré 曾把数学美的内容和基本特征概括为：统一性、简洁性、对称性、协调性和奇异性. Poincaré 的这一概括十分精辟，也为绝大多数数学家所承认和欢迎.

当然，对于数学美的概念，也显然不能视为一成不变的，任何事物都将随着历史的发展而发展. 然而数学美的基本特征和内容又有其相对稳定的一面.

我们曾在文献[17]的 6.5 节中列出了六位著名数学家或逻辑学家从不同侧面对于数学美或数学中的美学原则的论述，在这里，不妨再次引述如下：

　　一个名副其实的科学家，尤其是数学家，在自己的工作中，应当体验到一种与艺术家共有的感觉，其乐趣和艺术家的乐趣之间存在着一种共同的性质，一种同样伟大的力.

——Poincaré

　　数学，如果正确地看待它，则不但拥有真理，而且还具有至高的美，这是一种雕塑式的冷而严肃的美，这种美既不投合人类之天性的微弱方面，也不具有绘画或音乐的那种华丽的装饰，而是一种纯净而崇高的美，以至达到一种只有伟大的艺术才能显现的那种完美的境地.

——Russell

　　我认为数学家无论是选择题材还是判断是否成功的标准，主要是美学的原则……判断数学家是否成功，或者他的努力是否有价值的主观标准，都是非常自足的和美学的.

——John von Neumann

　　在数学定理的评价中，审美的标准既比逻辑的标准更重要，也比实用的标准更重要；美观与高雅对数学概念来说，要比是否严格、正确，或者是否有应用价值等都更为重要.

——Steen

　　数学家的美感犹如一个筛子，没有它的人，永远成不了发明家.

——Hadamard

　　在数学和绘画中，美有客观的标准，画家讲究结构、线条、造型、肌理,而数学家则讲究真实、正确、新奇、普遍……
数学是创造性的艺术,它创造了美好的概念,数学家和艺术
家类同地生活、工作和思索.

——Halmos

实际上,对于数学美的追求,归根结蒂还是对于数学真理的追求.数学乃是真与美的完整统一.一种数学理论,就其反映了客观事物的本质与规律而言就是真,就其表现了人的能动的创造力而言则是美.

审美意识与审美能力有助于人们去辨识和寻求真、善、美的事物,而且会在情感上很自然地去热爱并珍视美好的事物.因此,一个人的审美意识的水平越高,则其德行与悟性也就越高.通常很难想象有严重道德缺损的人能有真正健康的审美意识.事实上,审美意识根植于人们最深层的灵魂一角,从而在根本上支配着人们的情操、道德观念和精神境界.还应注意,审美意识不仅支配着人们的精神素质,同时还支配着人们的健康素质.这是因为审美意识联系着右脑思维活动,它和人们所惯用的左脑思维活动构成了交互为用的平衡互动关系,这就大大促进了全方位的大脑机制的健康运动.这种长期维持着的脑神经系统的均衡运动,延缓了整个大脑的衰老过程.既然大脑是全身的控制调节中枢,它的健康和活力的保持,也就相应地影响着全身心的健康,这就是为什么一贯兼用左脑、右脑思维而又富于审美意识的科学家、数学家往往长寿的原因所在.

俗话说:"爱美之心,人皆有之."现代科学文化人,首先要做到行为美,还要培养美的情操,在现代精神文明和物质文明的发展中,不断地追求真、善、美.

本文系应钱伟长先生之约而撰写,要全方位地论述好"数学科学与现代文明"这样一个题目并非易事,我们虽然为此而做了努力,但限于水平,文中疏忽与错误在所难免,望读者不吝指教.

参考文献

[1] 杜瑞芝.简明数学史辞典[M].济南:山东教育出版社,1991.
[2] 朱梧槚.数学文化、数学思维与数学教育[C]//严士健.面向21

世纪的中国数学教育.南京:江苏教育出版社,1994:266.

[3] 中共中央马克思恩格斯列宁斯大林著作编译局.马克思恩格斯全集:第 23 卷[M].北京:人民出版社,1979.

[4] 中共中央文献研究室.邓小平同志论教育[M].北京:人民教育出版社,1990.

[5] 张楚廷.让人人喜爱数学[C]//严士健.面向 21 世纪的中国数学教育.南京:江苏教育出版社,1994:278.

[6] 萧文强.我看大众数学[C]//严士健.面向 21 世纪的中国数学教育.南京:江苏教育出版社,1994:256.

[7] 萧文强.谁需要数学史[J].数学通报,1987(4):42-44.

[8] 萧文强.数学史与数学教育——个人经验和看法[J].数学传播,1992,16(3):23-29.

[9] 王梓坤.今日数学及其应用[C]//严士健.面向 21 世纪的中国数学教育.南京:江苏教育出版社,1994:1-7.

[10] 莫里兹.数学家言行录[M].朱剑英,译.南京:江苏教育出版社,1990.

[11] 米山国藏.数学的精神、思想和方法[M].成都:四川教育出版社,1986.

[12] 张筑生.数学对人类文明发展的贡献与数学教育[C]//严士健.面向 21 世纪的中国数学教育.南京:江苏教育出版社,1990:239.

[13] 霍金 S W.时间简史[M].许明贤,吴忠超,译.长沙:湖南科学技术出版社,1995.

[14] 梁之舜.头脑编程与数学教育[C]//严士健.面向 21 世纪的中国数学教育.南京:江苏教育出版社,1990:159.

[15] 罗赛尔 P.大脑的功能与潜力[M].付庆功,滕秋立,译.北京:中国人民大学出版社,1988.

[16] 阿达马 J.数学领域中的发明心理学[M].陈植荫,肖奚安,译.南京:江苏教育出版社,1988.

[17] 徐利治,朱梧槚,郑毓信.数学方法论教程[M].南京:江苏教育出版社,1992.

[18]　程桂正,朱梧槚.数学发现中的美学因素[J].曲阜师范大学学报:自然科学版,1988,14(2):7-24.

[19]　克莱因 M.古今数学思想[M].北京大学数学系数学史翻译组,译.上海:上海科学技术出版社,1980.

[20]　郑毓信.数学方法论入门[M].杭州:浙江教育出版社,1986.

[21]　罗素 B.我的哲学的发展[M].温锡增,译.北京:商务印书馆,1982.

[22]　中国科学院自然科学史研究所数学史组.数学史译文集[C].上海:上海科学技术出版社,1981.

[23]　许康,周复兴.数学与美[M].成都:四川教育出版社,1991.

科学文化人与审美意识①

1 开场白——题目的来源

怎么会想到要写这篇文章呢？作为一个数学教授从事教学和科研 50 余年,笔者为什么偏偏会对"审美意识"这样的题目感兴趣呢？说来有点话长,1994 年我曾应邀去华中理工大学(现华中科技大学)做过三次讲演,其中有一次是为大学生办的"周末文科讲座"而做的.讲座负责人给我出了一个题目,叫作"数学教授谈文学的作用".我对文学从来都是很喜欢的,这就使我有机会思考数学与文学的关系问题.

记得那个讲演会的晚上,大教室里挤满了听众,我在黑板上写了一首李白的名诗《黄鹤楼送孟浩然之广陵》：

> 故人西辞黄鹤楼,
>
> 烟花三月下扬州.
>
> 孤帆远影碧空尽,
>
> 唯见长江天际流.

我是由联想法想到这首诗的.因为当时正是阴历三月,而且黄鹤楼和华中理工大学都在武昌地区,我相信大多数听众会有和我同样的联想.但我的意思是希望听众能联系数学观点来欣赏这首诗.我问大家：李白的诗中哪句话隐含了"极限观念"？会场当即热闹起来,不少人举手说："第三句有极限思想".

①原载：《数学教育学报》,1997,6(1)：1-7.收入本书时做了校订.

不错,如果把人眼能看到的帆影大小看成是随着时间增加而逐渐变小的变量(函数),则当达到一定时刻(帆船远离到一定程度)时,帆影也就消失了,亦即帆影这个变量趋于零了.由此可见,"李白是有变量极限观念的.""如果他学习极限论和微积分,相信也会有很好的悟性的."当时这些话使听众们很感新鲜,可能他们已经从我上述比喻中觉察到:文学的"形象思维"和数学的"理性思维"是可以对应联系起来的.

1995年,大连理工大学大抓学生的素质教育,当时主办"美育系列讲座"的负责人又要我讲一次数学与美育的关系问题,这样我终于想到了本文要谈论的这个题目.

2 科学文化人的一般含义

人类社会已经处在由工业社会快速地转变成为信息社会的历史时期.计算机科学和信息技术的迅猛发展已为这种转变提供了物质条件.但是创造和发展物质技术条件的关键,还在于具有发明创造才能的科技工作者群体,而这个群体的成员需要具备较高的文化素质.因此,怎样培育具有较高文化素质的科技工作者便成为各国高等教育界所普遍关注的问题.

所谓"科学文化人",就是泛指具有较高文化素质的科技工作者.显然,大学理工科学生和研究生(包括硕士生和博士生)应该是作为较高层次的科学文化人来培养的,因此在对其文化素质的塑造上也就有较高的要求.特别地,关于"审美意识"的素质要求更加具有重要意义.

3 审美意识的重要性

所谓"审美意识",就是人们感受、鉴赏,乃至创造各种美好事物的一种自觉的心理状态.它是美学专家和心理学家都要关心的问题.我觉得还要强调指出,它也是教育家和一般科学家都必须重视的问题.

显然,人们感受和鉴赏美好事物的能力因事而异,也因人而异.换句话说,"审美能力"是各不相同的.对象领域不同,审美意识和能力也大相径庭.

例如,一个交响乐队的指挥,如果一点也不懂中国的草书艺术,那么他对中国扬州八怪之一郑板桥的书法就不可能产生审美意识.但是如果乐队指挥懂得并能鉴赏中国书法的话,则对其指挥水平之提高或能有所借鉴和帮助.又例如,一个雕刻家或舞蹈艺术家,如果很缺乏数学知识,那么他也不可能领会"数学美".

事实上,数学美和文学艺术美确有不少相通之处,大凡具有创造性精神和发明能力的科学家,都在不同程度上具有数学和文学方面的审美意识和审美能力.正因如此,就培养有创造性的科学文化人而言,上述审美意识的培养就有其特殊重要性.

当然,美好事物一定要具备某些美的特征才能让人们感受其美,鉴赏其美.那么,什么是客观上的"美的标准"(美的特征)和主观上的"审美准则"呢?一般说来,上述标准和准则应该是一致的.特别地,对数学科学和自然科学两大领域而言更是如此.(当然,在艺术领域与人文科学领域会有许多"例外"情形.)

这里不妨略举数例,借以说明审美准则与美的标准的意义.

例如,一般人常常会惊叹于一个困难问题的简易解答,或是一个极复杂问题的极简单答案,而将其称之为"漂亮的解法"或"优美的结论".所以,在人们的审美意识中,"简单性"与"简洁性"是一条公认的审美准则.

人们往往喜欢(喜爱)种种对称性的图案、建筑物、衣服式样、家具及装饰等.这表明事物的"对称性"(包括客观世界中存在的种种对称性规律)也是一条符合审美意识的重要标准.

作为人的一种自然本性,人们总是喜爱那些具有和谐性、规律性的事物,而对于杂乱无章的事物,则往往希望去理出一个头绪来,或是从中发现某些具有普遍性或统一性的秩序和规律.这说明"和谐性""秩序性""规律性"与"统一性"等,也都是人们心目中的审美标准.

人们去野外山地游览时,偶尔发现一堆奇花异草;去海滩散步时,偶尔捡到几块色彩极美的贝壳或石块,会感到美不胜收.这又说明"奇异性"也会带给人们一种美的感受.

综上所述,事物所呈现的简单性、对称性、和谐性(秩序性)、统一性与奇异性等特征,在人们的审美意识中都符合美感的属性,也往往是人们在生活与工作实践中喜欢去追求或创造的.

进而,作为反映客观事物关系与规律的人脑思维(包括形象思维、概念思维与逻辑演绎思维等），其本性也总是自觉或半自觉地力求按照上述美的标准（或审美准则）去完成所希冀的"思维产品". 弄明白这一真理后，我们也就不难理解为什么——

古代的 Euclid 会自然地想到采用公理化方法去写出他的不朽作品《几何原本》.

17 世纪的 Newton 会想到引入 8 条定义和 3 条力学定律（公理）去完成他的划时代巨著《自然哲学的数学原理》.

近代的大物理学家 Einstein 会成功地想到去引入"光行距离量时间"这一极简单而自然的物理公设（公理）去建立他那符合真、善、美标准的"狭义相对论".

还有，现代的宇宙物理学家 Hawking 竟会想到通过某些简单而自然的假设，力图利用统一性的观点，去阐明从大爆炸到黑洞的宇宙演化的物理结构规律，还写出了驰名全球的《时间简史》.

这些例子表明，Euclid、Newton、Einstein 和 Hawking 无疑都是具有极高水平的审美意识的人物. 反过来，他们的贡献和成就，又足以证明审美意识对寻求科学真理的重要作用.

4 创造能力与审美意识

上面已经初步点明了创造发明能力和审美意识之间的关系. 事实上，正因为客观世界本身（包括自然界以及人类通过劳动创建的世界）处在有规律、有秩序的普遍联系之中，其本身就具有种种优美的、和谐的、统一性的或奇异性的结构规律和演化规律，故而科学家们要去探索、发现并通过思维去表现其规律时，也就必然要遵循"美的准则"才能有济于事. 这样，就从根本上说明了科学家的发现、发明与创造力和审美意识有直接相关的必然性.

一个人的审美意识越强，其审美能力就越高，从而其创造发明（发现）的才能也越高. 我们还认为它们之间存在着正比关系. 如此说来，多年前我和隋允康教授合作的一篇文章《关于数学创造规律的断想暨对教改方向的建议》（载于：《高等工程教育研究》，1987(3)：43-46）中所讨论过的"创造力公式"：

创造力＝有效知识量×发展思维能力×透视本质能力（抽象分析能力）

就可精化为形式：

创造力＝有效知识量×发散思维能力×抽象分析能力×审美能力

　　大家知道，20 世纪初叶德国心理学家 Stern 和美国心理学家 Terman 曾相继提出并研究了"智商"（IQ）的概念. 后来还有 Binet-Simon"智力测验表". 我这样想，如果把"发散思维能力"简单地归结为"联想能力"，把"抽象分析能力"代之以"概括能力"，那么上述创造力公式右边的第二个、第三个因子项便可通过某些智力测验表，在特定条件下对特定对象（个人）测量其数值. 第一个因子项（有效知识量）也是不难测定的. 看来只有"审美能力"这个因子很难测算其数值. 这是一个值得深入研究的课题.

　　记得多年前辽宁教育学院的王前教授曾和我研究过"数学美"的量化问题. 我们的观点是，"美的程度（量级）"是和某些属性的"反差"成正比的. 因此建议用反差的大小程度来作为美的程度高低之划分标准. 那么，什么叫作属性反差呢？

　　比如，问题的难度很大，而解答却十分简易，就表明两者的反差很大. 再如，在一堆极平凡的事例中却发掘出某种很奇异的对象或性质，则表明其反差也是很大的. 一般说来，属性的反差越大也就表明"奇异美"的量级或层次越高.

　　显然，只有高品位的审美能力才可能辨认出或选择出高层次的"奇异美". 反过来，又可通过对不同层次"奇异美"的辨识能力（选择能力）的测试来判定一个人的审美能力的高低.

　　看来如何去编制出反映各种"反差"的测试方案作为度量"审美能力"的工具，应该是一个实验创造心理学领域中值得研究的课题，只要这项课题研究获得了好的成果，则前面所说的创造力计算公式就会有很好的应用价值.

5　培育审美意识的途径之一——发挥数学的美育功能

　　由于数学是一门十分抽象的纯理性科学（尤其是高等数学，有它特定的一系列符号表现形式及远离日常生活的抽象术语），因而使许多人都误以为数学是一门枯燥无味而严酷的学科，似乎与美育无关. 实际上，数学是一门最美的科学（19 世纪的大数学家 Gauss 就说过

"数学是科学中的皇后"),它对于塑造完美的人性来说,有着意想不到的功效.

早在 16 世纪末,曾任伦敦市市长的英国数学家兼教育家 Billingsley 就发现了数学具有美化人性的功能.他说过:"许多艺术都能美化人们的心灵,但却没有哪一门艺术能比数学更有效地修饰人们的心灵."19 世纪欧洲的一些知名的教育家和哲学家还发现"数学具有制怒的作用""数学教育能使粗心的青少年变得细心,能使性格粗暴的人变得温顺起来""数学还教会人们客观地、公正地对待事物和处理问题""数学能杜绝人们的主观偏见,还能激发人们对真理的热爱,并能增长人们追求真理的勇气和毅力."

人们早已发现,数学中的美的标准和一般事物中的一些美的标准是完全一致的,它们都表现为(或归结为)简单性、统一性、和谐性、对称性、奇异性等.读者可以从徐本顺、殷启正合著的《数学中的美学方法》(江苏教育出版社,1990)和卢锷、尹国敏合著的《数学美学概论》(辽宁人民出版社,1994)两本书中看到关于数学美学的详尽而深入的论述.

正因为数学的理论和方法往往高度地、深刻地反映出美的特征,所以很自然地能给人以美的享受,并能使人们在学习、研究过程中潜移默化地遵循数学的审美准则去分析问题和解决问题.因此,人们学习和研究数学,最能有效地增长审美意识和审美能力.欧美的传记作家有时喜欢将数学家和诗人以及艺术大师相提并论,无疑也是从他们都有高度审美意识的共同点来考虑的.

由上所论,可知数学具有重要的美育功能,因此理所当然地数学教育便成为培育高素质科学文化人的最重要手段.(又何况数学本身还具有技艺功能,它还是科学文化人解决实际问题的得力工具.)

6 培育审美意识的最佳途径——文理结合与文理渗透

现在人们都已很清楚,人的大脑两半球有着不同的思维功能.左脑主管收敛思维,即逻辑分析、抽象概括、演绎推理等理性思维;右脑主管发散思维,包括想象、直觉、猜想、审美等形象思维.收敛思维与发散思维又常常被称为"左脑思维"与"右脑思维".

一般认为,理科教育能开发和提升左脑思维的能力,而文科教育和艺术教育能开发和提升右脑思维的能力.一个人的大脑思维功能要得到全面开发和提升,显然只有通过文科、理科结合与文科、理科相互渗透的教育和学习途径才能达到.不幸的是,现代大学理工科教育与文科教育的全面分离,使大批青年人都在相当程度上失去了全方位开发和增进大脑功能的机会.

事实上,高素质、高水准的审美意识的培育和提升是需要依靠大脑功能的全方位开发才能有效地实现的.尤其是文学、艺术、音乐的熏陶,将直接影响人们审美意识的深层次发展,从而有助于其科学创造发明才能的增长.

从科学史上我们可以看到,凡是做出重大贡献的科学家,大都是文理兼通的人物.例如,Descartes、Pascal、Newton、Lagrange、Cauchy、Gauss、Weierstrass、Poincaré、Hilbert、Einstein 等,都是能写出一手漂亮文章的人物.他们都喜爱文学,有的人甚至对诗歌、音乐还有很高的造诣.无疑,他们之所以能对人类文化作出不朽的功绩,都和他们左右脑思维功能的全面开发和高度发展有关.这些人物的一个共同特征,就是都具有极高水平的审美意识和审美能力.他们的创造性成果都闪耀着美的光辉.

记得我小时候在一所师范学校读书时,第一次接触到"圆内接任意六边形的三双对边的延长线的交点共线"的"Pascal 定理"时,曾感到惊奇不已,后来我又读了 Pascal 小传,结果十分惊奇地得知,这位科学家(数学家兼物理学家)竟然在法国的文学史上还有一定地位.真是意想不到!

在大学时代,我学了"Cauchy 积分定理",感到奇美无比.后来我读了 Cauchy 传记,又一次使我意想不到的是,作为数学家的 Cauchy 曾在意大利的一所大学里讲授过文学诗词课,并且出版过一本名为《论诗词创作法》的小册子.原来 Cauchy 的文学造诣也是很高的.

为什么文理结合与文理渗透特别能促进人们创造才能的提升和发展呢?除了可以联系大脑功能的全面开发说明其理由外,我想另一重要理由是,因为文学艺术的审美和数学的审美都需要相应的直觉、想象和形象思维,故两者具有相互间的比拟及暗示作用,且审美能力是可以互相转化的.

不妨将数学创造与文学创作略做比较:数学构造事物关系的"量化模式"或"模型";文学则塑造从生活中提炼出来的典型人物或"文学典型".前者采用符号术语及逻辑演绎形式;后者则采用语言文字及形象化的描述形式.两者都离不开关系直觉和形象思维.数学模型和文学典型都是从具体出发的某种抽象思维的产物,它们都遵循相似的审美准则,都来源于实际又高于实际.

数学模型的构造,往往需要科学归纳和分析;文学典型的塑造,也需要对实际生活进行观察、归纳和分析.它们都需要特征分离、概括等思考过程,故两者在方法论上也很相似.

文学创作还需要美好的情景和理想的意境,数学创作中同样需要优美的意境和理想的图景.这就说明为什么数学中的重要成果也常常显示出艺术美,因而使数学家能享有与艺术家同样的乐趣.关于这一点,Poincaré 就曾说过:"一个名副其实的科学家,尤其是一个数学家,在自己的工作中,应当体验到一种与艺术家共有的感觉,其乐趣和艺术家的乐趣之间存在着一种共同的性质,一种同样伟大的力."

如果同意如上的论述,就使我们更加确信,受过良好的文科教育的科学家,或是爱好文艺的科学文化人,将比一般科技工作者有更多的机会去为人类社会做出美好的贡献.

上述论述自然会使我们获得这样的结论:只有文科、理科、工科高度综合的高等学府才是最有利于培养有创造发明才能的科学文化人的理想环境.由此还可以预言:在 21 世纪里,世界各国必将有更多的文、理、工、商、法、医、农相结合的综合性大学建立起来,年轻一代无疑会看到这种出现在新世纪里的新气象.

7 审美意识与德、智、体的关系

前面已经指出,审美意识是科学文化人应该具备的一种重要素质.这种素质表现为审美能力、直接关联及创造能力.因为创造能力的培养是"智育"的一个重要组成部分,所以审美意识的培育也就构成"智育"的重要环节.

审美意识与审美能力有助于人们辨识并寻求真、善、美的事物,而且会在情感上使人自然地热爱并珍视美好的事物.因此,审美意识的培育显然是和"德育"相辅相成的.一般说来,人的审美意识的水平越高,则其德行和悟性也就会越高,反过来,很难想象有严重道德缺陷的人能有真正健康的审美意识.

事实上,审美意识根植于人们灵魂的最深层部分,从而部分地支配着人们的情操、道德价值观念和精神境界.

下面我想探索一下审美意识的培养和发展为什么有益于人体健康状况的增进和保持.亦即要说明审美意识与长寿的关系.

因为审美意识联系着右脑思维活动,它和人们惯用的左脑思维活动构成了交互为用的"平衡互动关系",这就大大促进了全方位的大脑机制的健康运动.又由于存在这种长期维持着的脑神经系统的均衡运动,从而也就延缓了整个大脑的衰老过程.既然大脑是全身的控制调节中枢,它的健康和活力的恒久保持,也就相应地保证了全身健康的恒久保持而使人不易衰老.这就是为什么一贯兼用左脑、右脑思维而富于审美意识及创造精神的科学家常常能享有高寿的原因所在.

此外,审美意识还有助于科学家对于不断获得的美好科研成果"自我鉴赏"而自得其乐,这是促进长寿的另一原因,它成为与长寿有关的"心理因素".

以上我们就健康与长寿问题分析了大脑活动机制的"生理因素"以及与精神状态有关的"心理因素",从而全面地阐明了审美意识活动和人体健康长寿的因果关系.

为了佐证上述论断的合理性,我曾翻阅了已故数学史名家梁宗巨先生于1990年赠送给我的《数学家传略辞典》(山东教育出版社,1989)一书.发现有许多杰出的近现代数学家的寿命都是80岁以上.有一批著名数学家还享寿90以上,例如 Hadamard、Vallée-Poussin、Russell、Vinogradov、Vandiver、Szegö、Pólya、Nörlund 等这些数学家无疑都是左右脑思维特别发达且极富于审美意识的人物.相信其他科学领域中富于审美意识和创造性的人物中,也同样有一大批高寿者.

其实,在我们中国享寿90以上的老一代数学家也不乏其人,例如,最早将"拓扑学"引入中国并做出了卓越贡献的老数学家江泽涵先生,还有最先将"泛函分析"移植到中国并对"Hilbert 空间算子理论"

做出了基本重要贡献的曾远荣先生都享寿 92 高龄. 中国"复分析"奠基人之一的卓越数学家李国平先生也享寿 86(如果不是因为早年抽烟、喝酒太多,享寿 90 也是不成问题的. 他还是一位优秀的诗人,曾于 1991 年送我一本《李国平诗词选》). 中国老一代数学家中最著名的几何学家苏步青老先生还曾为李先生诗集写了如下的颂诗以代序:

> 名扬四海句清新,文字纵横如有神.
>
> 气吐长虹连广宇,力挥彩笔净凡尘.
>
> 东西南北径行遍,春夏秋冬入梦频.
>
> 拙我生平偏爱咏,输君珠玉得安贫.

此诗多美啊! 这表明苏老和李先生一样,也是一位文采出众的数学家兼诗人.

还应提到的是,已故的我在大学时代的老师华罗庚先生,他不仅在数学的多个领域有卓越贡献,而且他的诗词和科普文章也是一流的. 可惜他曾在 14 岁时患了一场几乎致命的伤寒病,严重地伤害了心脏,以致只享年 75 就过早地逝世了. 如果没有早年的不幸,他无疑也会享寿 90 以上.

读者看了如上几段文字后,相信会获得这样的印象:具有审美意识的数学家和画家、艺术家很相似,在正常情况下大都能享有高寿. 当然,我们并没有忘记数学史上也有好几位英才早逝的数学家,如 Abel、Galois、Ramanujan 等. 但他们都是在特定的不幸环境中才有那样的意外遭遇. 我们在做一般性论述时,自然可将特例除外.

关于《科学文化人与审美意识》的几点补充性注记①

近年来国外的数学家和教育家不约而同地提出了将"帮助学生学会数学地思维"作为数学教育主要目标的观点.我们认为这个观点是很对的,作者之一和南京大学郑毓信教授合作的一篇题名《现代数学教育工作者须重视的几个概念》的文章(见《数学通报》1995年第9期)中,在论及科学文化人所需要的数学素养时,我们也认为那就是指具有"数学地思维"的习惯和能力,亦即能数学地观察世界、处理和解决问题.但应该补充指出的是,所谓"数学地思维"实际上也包含了按照"数学审美准则"进行思维的含义.

《科学文化人与审美意识》文中所谈论到的"创造力公式":

创造力＝有效知识量×发散思维能力×抽象分析能力×审美能力

虽然尚需研究其定量刻画,但公式中出现的四个因子项却指明了培育人的创造力时所必须注意的四个方面.后三个因子涉及左右脑思维功能的开发与提升问题,文中已经讨论得很多了.但对第一个因子"有效知识量",还需要补充说些话.

问题是:怎样按照某些优化组合原则,让各种类型的科学文化人的头脑能够储备一定范围的有效知识,使之有利于开发和提升发明创造能力?这个问题涉及20世纪80年代中期以来国外认知心理学界正在开发研究的一项热门课题——"头脑编程".

"头脑编程"的基本观点就是把人的大脑看成为一台具有待开发的极大潜力的"计算机",而为大脑机制编制各种合用的"软件",就是

---

①这是作者与庾克平合作的论文.原载:《数学教育学报》,1997,6(2):1-3.收入本书时做了校订.

"头脑编程"的目的和任务. 实际上,人们早就发现"头脑编程"能大大提高人的智力和智商. 例如,儿童学了"九九乘法表",就在头脑中存储了一个算法程序,因而与没有这种程序的同龄孩子相比,他们在计算简单乘法时就显得聪敏多了. 中国青年速算家史丰收之所以能快速心算多位数的乘除法等,显然也是由于完成了某种特殊"头脑编程"的缘故. 一个最深刻的例子是,当年举世公认的印度天才数学家 Ramanujan(1887—1920)曾发现了大量涉及无穷连分式与无穷级数及无穷乘积的奇妙关系及公式,数学界也曾有人猜想 Ramanujan 的脑海中一定自觉或不自觉地储存了某些高明而美妙的"头脑编程".

现今国内外认知心理学家、计算机科学家、教育家及人工智能专家,都开始研究"头脑编程"的理论与技术问题,国外已有一些专著出现. 我国中山大学的梁之舜先生对之也有所探讨(参见文献[2]). 相信这方面所取得的成果将能用来处理有效知识(库)的编制、存储与估量问题. 至于"头脑编程"的内容和方法如何反映审美准则,看来是一个很值得研究的问题.

俄罗斯的著名数学家兼教育家亚历山大洛夫提出过一个引人注目的见解. 他指出:"在一个单纯强调教学的社会中,儿童和学生们及成年人将是被动的,并不能去思考和行动. 而创造性的、能动的个体只能在一个强调学习而不是教学的社会中得到成长."笔者很同意这个见解,认为它是符合实际的.

回忆 20 世纪 50 至 60 年代全面学习苏联时期,非常强调教师的备课、答疑、辅导等一切教学环节,甚至强调要尽力做到"包教包懂". 在这种情况下实际"成才率"是不高的,每年毕业班中能表现出主动创造精神和创造力的学生真是凤毛麟角,他们在全班中占的比率是很小的(最好的班级也只占 $\frac{1}{10}$ 左右). 那时候一般教师在教课中是不大敢强调"数学美的鉴赏"和"兴趣的培养"等观点的,误认为那些观点都会和"资产阶级的思想意识"挂钩.

假如从 20 世纪 50 年代到如今,大学数学教育不是一贯强调教学,而是强调学习,并且注意为学生们创设便于自学、讨论、交流的环境和条件,注意在教材和参考书中多多加入数学发展史和审美等题材的话,那么时至今日,相信中国的数学人才一定比现在多得多,那些成为中学数学教师的人们,也一定会比现在有更高的水平,能教出更多更好的中学生来.

为使大学数学教育成为素质教育的重要组成部分,数学教学改革势在必行.我们认为,一是教材要按数学审美观点和思想方法论观点进行全面改革,要重视数学趣味和兴趣观点,以激发学生自主钻研的精神;二是传统的数学讲课方法要随着学生程度的提高,逐步让位于教师启发提问和学生参与讨论的学习方式;三是要在教师的指导下让学生们主动搞好"数学美讨论班""数学史讨论会""数学解题研究会"等活动.教师们还应该结合各年级学生们的知识程度和理解水平,定期介绍一些著名数学家的思想方法和历史故事.对大学高年级学生和研究生,要鼓励他们直接阅读名家原著,从那里他们可以看到那些记录了优美的创造性思想的第一手材料.还要建议他们读一些数学名家的传记,这对提升学术水平和数学美的鉴赏能力都会有很大帮助,而对未来的数学教师更是必要的.

记得多年前,作者之一曾让6位研究生各买了一本《希尔伯特》(传记).他们都很感兴趣地看了一遍.时隔多年后他们还说起那本引人入胜的传记,认为这本书对他们多年来选择研究课题以及鉴赏、评判科研成果价值,始终起到了潜移默化的启示和指点作用.

我们很喜欢 S. W. Hawking 的《时间简史》这本书,它告诉人们一个很美妙的理性结论:"空间和时间形成一个没有边界的闭曲面."在这本书的启发下可使人们确信:"宇宙由其全部演化规律构成的动态系统是完全自足的,是既没有开端也没有终结的自在者."它既然是一种永恒的"自在者",就无须提问谁是它的创造者了.这样我们也就不会陷入 Newton 久思不得其解的"什么是宇宙机器第一推动力"的苦恼问题中去了.

湖南科学技术出版社已翻译出版了该书的续编,建议感兴趣的同志连同《时间简史》一起找来读一读.

最值得提到的一个事实是:人们的审美意识往往是和他们的发现、发明、创造的意识联结在一起的."审美过程往往就是发现、发明的过程,两者常常交融成为同一个过程."这几乎是一条对科学家和艺家来说都适用的一般规律.

无论是自然界、现实世界或是人类精神创造出来的符合 K. Popper 定义的所谓"世界 3",都充满了蕴含统一性与对称性的事物及规律,人们凭借着对统一性与对称性的信念和审美意识,就可以去发现许多美好的事物与真理,或者像艺术家那样去设计、创造出美好的艺术品.

例如,众所周知,Newton 正是凭着对自然世界统一性的信念,发现了宇宙间优美无比的"万有引力定律",并且用以推导出 Kepler 的行星运动三定律. Maxwell 也是基于统一性和对称性的物理直觉和审美意识,建立了著名的电磁场基本方程.《科学文化人与审美意识》一文中提到的现代宇宙物理学家 Hawking 又何尝不是基于统一性与简单性的美学观念,企图去揭示宇宙结构(包括黑洞演化)的奥秘!

在数学领域里,蕴含有统一性和对称性的美好事物(数学对象与数学方法)更是随处可见.属于科学文化人范畴的数学工作者(数学家与数学教师们)也常常是凭借着对统一性和对称性的审美直觉(或审美观点)去发现真理,或去建立美好的数学理论模式的.

正因为统一性原则和对称性原则既是两条审美准则,又是从事发现、发明的科学方法论法则,所以在大学各学院、各系、各科的数学教学中,理应让学生们通过主动的学习和作业实践去深刻认识上述两原则的审美价值和应用价值.

事实上,即使是初等数学,也已经能让人们认识到对称性原则的魅力.例如,中学生学习多元对称多项式的因式分解法时,就懂得只要分解出一个因式来,就可以按照对称性原则,立即分解出一批因式来.青少年学习古典的平面几何时,一接触到按对称性原则建立起来的对偶原理时,就会情不自禁地赞叹对偶原理对发现几何学定理的伟大作用.例如,从《科学文化人与审美意识》文中所提到的 Pascal 定理出发,应用对偶原理便可立即发现著名的 Brianchon 定理:"如果一个六边形的各边外切于一个圆周(椭圆也可),那么连接对顶点的三条对角线共点."当然,在现代高等数学诸分支里,按统一性与对称性原则去创立的定理和公式以及普遍性理论模式更是不胜枚举,这里就不再列举范例了.

以上我们专以统一性与对称性两原则为例,说明了审美与创造(发现、发明)过程的一致性.事实上,所有审美准则都是创造性思维法则.从功用来看,审美意识也就是创造意识.这样说来,我们的观点和 Poincaré 及 Hadamard 有关发明心理学的观点是完全一致的.

　　Hadamard 作为 Poincaré 的学生,曾全面而深入地发展了 Poincaré 关于数学发明心理活动过程规律的学说.他们的一系列真知灼见,已总结在 Hadamard 的《数学领域中的发明心理学》(参见文献[3])一书中.我们认为,对于乐于献身于数学创造性事业的人们,尤其是现代科学文化人,此书都是值得细读一遍的.

参考文献

[1]　徐利治.科学文化人与审美意识[J].数学教育学报,1997,6(1):
　　　1-7.

[2]　梁之舜."头脑编程"与数学教育[C]//严士健主编.面向 21 世
　　　纪的中国数学教育.南京:江苏教育出版社,1994.

[3]　阿达马 J.数学领域中的发明心理学[M].陈植荫,肖奚安,译.
　　　南京:江苏教育出版社,1998.

数学史、数学方法和数学评价①

1 引 言

    1993 年冬我访问台湾"中央研究院"数学研究所的 50 天里,看到了那里世界上最先进的数学图书馆.馆内拥有 800 多种新旧数学期刊.所展出的现代数学刊物琳琅满目,几乎应有尽有.还有一些我从未见过的数学文献资料,令人耳目一新.

    如大家所知,20 世纪 80 年代美国数学会主编的《数学评论》(*Mathematical Reviews*),其摘文范围已扩及世界上的大约 1 800 种刊物,据近年估计,世界上刊载数学论文的杂志已超过 2 000 种.

    因此,即使从"至少"限度来看,假定当今世界上只有 1 000 种数学期刊,平均每种期刊一年内刊载 100 篇论文,则每年世界上至少产生 10 万篇文章.又如果平均每篇论文只提出两条定理,则每年至少就有 20 万条定理被提供给"数学共同体"(mathematical community,也称"数学社群",通常指"数学界").

    如上所做的估计数字可能比实际数字小得多.即使按《数学评论》所述及的资料做推算,所得数字也比上述数字大得多.

    不管怎样,上述情况已经表明,这个星球上的数学共同体确实面临着文献爆炸的局面.然而,情况的发展绝非到此为止.大批数学工作者不断做出的大量新的工作成果,更加导致了业已浩如烟海的文献资料的加速膨胀.形成这种现象的原因显然是多方面的,数学研究飞速

---

① 原载:《21 世纪中国数学教育展望》,北京师范大学出版社,1993.收入本书时做了校订.

发展的推动固然是主要因素,大批数学工作者(包括数学教师们)所面临的升职、增薪、申请基金等要求的推动,亦当是重要原因之一.

于是,当人们来探讨 21 世纪高等数学教育的任务和目标等问题时,就会很自然地涉及如何解决"数学文献爆炸性局面"所带来的困难这一问题.

2 对未来数学教育的一点展望

数学是一种文化,又是一种技艺.所以现代中外数学教育家们已经形成一种共识,即认为数学教育理应具有"文化素质教育"与"数学技艺教育"的双重功能.多年前,日本的数学教育家米山国藏就曾明确地指出数学精神与数学思想方法在数学文化教育中的重要作用.米山国藏的论点不仅适用于中学数学教育,也同样适用于大学数学教育,只要将其置于不同的文化层次上讨论即可.我国学者丁石孙与齐民友等,也曾在他们的著作中详尽而深入地论述了类似的观点.

无疑,21 世纪一般意义下的大学数学教育势必要在两个方向上显示其功能:一是在很高的水平上,陶冶和塑造优秀的"科学文化人";二是在计算机应用日益深入生活的时代里,帮助培养精通数学技艺(包括模型技术)并能借助计算机解决科技问题的人才.这里我们所说的"科学文化人"泛指具有较高文化素质,能够体现数学精神,且能够在不同程度上理解并运用数学思想方法的科技人才.

自然,在通过数学教育(以及数学专业性教育)培育出来的大批科学文化人(包括数学专业工作者)之中,必然会涌现出许多杰出的数学家.他们将推动 21 世纪数学文化的开拓前进,使数学领域中的种种美好而有用的理论模式及技艺模式提高到新的水平,并不断地创造出新的数学模式(mathematical patterns)以适应科技新发展的需要.

但是,数学教育为了切实实现如上的历史任务,却不能沿袭原有的轨道,而要有所改革和创新.特别地,数学教学内容的取舍和构成,必须反映数学发展的客观规律和要求.这样,充满启示作用的数学方法论和数学思想发展史势必成为培育新一代数学家的重要课程.

为了科学地处理好浩如烟海、令人眼花缭乱的文献资料,有必要开创两个隶属于方法论范畴的新的学科分支——"数学文献学"与"数学评估学",并将其列入大学选修课程计划.这便是我们对未来数学教育中新课程设置的一点预见和希望.

3 略论三门新课程的任务与作用

我想,大多数数学工作者(包括数学教师们)都会承认,从数学教育的观点看,数学思想发展史比一般的数学史更为重要.理由是,前者向人们揭示了数学创造性思想的萌芽、成长、发展的客观历史过程,同时也反映了数学成果(一般表现为数学模式及其建构)的发现、发明、创制的动力、契机及其增殖发展的规律,从而将能启发年轻一代的数学家们顺应客观历史规律,总结并扬弃前一代数学家的思想方法,为人类的数学文化事业做出继往开来的新贡献.

早在20世纪70年代初美国的M.Kline就出版了其巨著《古今数学思想》.20世纪80年代笔者曾采用这一巨著中的部分题材,为大连理工大学办的数学教师进修班讲过数学思想史的课程.近年来,上海师范大学年轻的数学史专家袁小明,还出版了一本讨论"数学思想史"的著作.但普遍说来,数学思想发展史尚未成为一般大学数学专业的必修课程.原因可能有两个,一是国内(甚至国外)还很缺少这类数学史专家(国外像M.Kline这样的专家也不多);二是许多数学教育家尚未充分认识数学思想发展史的重要性及其在课程改革中的地位.

在21世纪,势必产生一门全新的课程(或学科分支)——数学文献学.它的任务就是要教会课程的学习者(或研究者)有效地阅览文献和使用文献.

面对大量杂乱无序、乱人耳目的文献资料,势必要予以分类、编选和排序.这类工作本可以由图书馆学工作者去做.但数学文献资料有其特别的多样性和复杂性,因此需要学过数学专业的人去做特别的分析、研究.

从实际应用来看,数学文献学是一门技术,因此它一定能借助于现代计算机去实现其功能.

但是,数学文献学除了需要研究分类、排序、检索等问题外,还应讨论成果的溯源、复现、重叠、辨伪(如鉴别先后、真伪、正误……)等有关问题.因此,其创立和发展就需要数学史学家、数学图书馆学家和计算机软件工程师的通力协作.

现在我们来讨论数学评估学.这将是一门评论和估价数学成果的学问,理应属于数学方法论范畴.预见这一"分支"将会在21世纪上半叶产生并发展起来.可以预期,它的产生和发展必将依靠一批学有专长、兼具数学哲学头脑的数学专家和数学思想发展史学家们的通力协作.

数学评估学的任务就是要科学地、客观地评估各类数学成果的创造性(包括创始性、继承发展性、独立性)、实用性、难易性(包括概念上的难易性和技术上的难易性)、普适性、优美性等,并对成果的意义和价值做出总的评价(最理想的情况,还应预见成果对未来数学的影响).当然,这是具有历史眼光和哲学头脑的高水准的数学专家才能胜任的任务.

我们可以把数学成果的创造性、实用性、难易性、普适性、优美性、重要性等称为评价指标.则数学评估学关于上述指标体系应研究估值(赋值)的标准.如应如何划分数学创造性的不同类型和不同等级,如何对数学成果的优美性给予评价和打分以及如何做出综合评估等,都是需要仔细研究的专题.

数学抽象度分析法中的三元指标计算方法,可能有助于评估一些数学成果(模式)的深刻性、基本性和重要性程度.至于数学模式的优美性程度当须按照另外的标准来评估.

将来,随着数学评估学的创建和发展,必将产生一批数学评论家.正像文学评论家未必是文学作家那样,数学评论家也未必是从事数学创作的专家.但是,作为数学评论家或讲授数学评估学的大学教师,却必须是精通数学史和数学方法论的专家.

21世纪,国内外会有一批博士生在数学文献学、数学评估学及数学方法论的其他课题上从事博士学位的工作.数学文献资料的爆炸性局面再也不会给世界数学共同体成员造成困境了.相反,在数以万计的科研成果中,大多数懂得数学评估学的数学家们会做出合理的取舍,并沿着符合历史规律的方向将数学开拓向前.

21世纪的中国肯定会变成世界数学大国.因此,可以乐观地预期,中国颇有可能在本文所论述的三门大学课程及有关学问的研究中领先于世界.当然,我们只能把这种合理的美好希望寄托于未来年轻一代的科学文化人身上.

试论"展望数学的新时代"①

"展望数学的新时代"这个题目很大,它属于"未来学"的范畴.而现今之"未来学"是通过考察某事物发展的历史和现状来预见其未来的一门科学.本文所述论点大多是作者的见解,其中也包含了数学界部分学者的看法.希望有更多的同行撰文研究这个对数学发展至关重要的问题.

1 数学发展新时代的特点

展望未来数十年,可以预见,数学发展的这一新时代将具有以下四个主要特点:

(1)数学研究内容及数学题材内容的大综合;

(2)科学研究在队伍的结构层次间与活动方式上的大协作;

(3)数学方法论的大发展;

(4)智能机的广泛使用.

上述特点是通过克服近 30 年来数学发展中所形成的巨大困难而显示出来的,也是历史发展的必然结果.

2 当今数学发展所面临的困难

自 20 世纪 50 年代以来,数学发展非常迅速.与 30 年前相比,情况已大不一样,出现了许多新问题和新现象,引起了数学界的关注.今后数学怎么发展? 它将发展成什么样子? 这些有关数学发展的前景问题已成为部分数学工作者感兴趣的研究课题.

①这是作者与黄开斌合作的论文.原载《南京师范大学学报(自然科学版)》,1986(1):1-6.收入本书时做了校订.

由于当今数学处在发展很快的历史阶段,所以数学研究面临着巨大的困难.分析这些困难就可以预测数学今后发展的趋势.研究解决这些困难的方法并付诸实施就推动了数学科学进一步地向前发展,从而给数学带来新的希望.

我们认为,当今数学的发展主要面临着三方面的困难.

(1)"文献爆炸"局面所带来的困难

据粗略估计,现在全世界至少有 1 500 种数学杂志,它们几乎遍布于世界的每个角落.例如,我国台湾省就有数学期刊三四种;克里特这个位于地中海的小岛也出版、发行数学杂志;非洲一向被认为比较落后,但南非却有几种数学刊物……这些数学杂志每年所刊登的数学文章数量很可观.仅以 *Mathematical Reviews* 而论,每年约登载数学论文文摘 5 万篇.就算现在数学有 50 个分支,那么平均每个分支每年发表论文就有 1 000 篇.事实上,有些分支(如函数论、计算数学、偏微分方程等)的文献数量还远不止这些,有的多达数千篇.在此情况下,每一位数学工作者欲使自己的研究工作不脱离现实,跟上时代前进的步伐,就得每年看约1 000篇论文(平均每天三四篇),以及时掌握最新学术动态.这是很难做到的,所以常常发生有些研究成果重复或部分重复的现象.甚至有的数学问题早在二三十年前就已被别人解决,而自己竟毫无所知.个人的视听范围有限,即使采取讨论班或研究集体等形式分工掌握学术情报,也要花费相当大的力气.这些都是文献爆炸局面所带来的困难.

(2)分工过细造成的困难

科学分工原是科学向前发展和历史进步的表现.各门科学的发展都遵循从创始、成长到成熟这一客观规律.发展到后来,科学知识日益丰富,有很多内容需要分门别类地进行研究,所以分工细也是科学发展的必然结果.但是到了 20 世纪 80 年代,数学发展成数十个分支,而且每个分支中还有小的分支,分工越来越细,以致过细.打个比方,数学犹如一棵大树,有树干,其上有许多树枝、树杈,枝杈越分越多.今天的数学工作者往往只在一棵"树"的某个"树杈"上做些研究.

回顾 18~19 世纪,很多数学家都是身兼数职.他们不仅在数学的广阔领域里造诣极深,而且精通多种学科.像 L. Euler、J. L. Lagrange、P. S. Laplace、J. B. J. Fourier、A. L. Cauchy 和 C. F. Gauss 等既是纯粹数学家,又是物理学家、哲学家或天文学家.根据 Gauss 对纯数学的贡献,人们误以为他把主要精力赋予纯数学.其实不然,他对天文学兴趣极浓,致力于行星研究约 20 年,写成了不朽的著作《天体运动理论》.进入中年以后,他又与电磁学家 Weber 合作研究电磁学,建立了著名的 Gauss 计算单位.Gauss 对天文学、电磁学的研究推动了数学与物理学相结合的新时代.又如,Fourier 创立了 Fourier 变换和 Fourier 分析这两大数学分科,他也只是用小部分时间研究数学,大部分时间搞物理.那时的数学家往往在数学的很多领域(如数学分析、几何、代数、微分方程等)中同时做出贡献.有的在数学科学之外也有所建树,他们是名副其实的科学家.

19 世纪末至 20 世纪初,情况发生了变化,随着分工变细,产生了纯粹数学家.他们只研究数学,不搞其他科学.那时有些学者就以纯粹数学家自居,其中最著名的有 G. H. Hardy,他提倡纯粹数学,所著分析教程也以纯粹数学教程命名(*A Course of Pure Mathematics*).又如,Russell 对数理逻辑有贡献,他也以纯粹数学家自居.20 世纪初至 50 年代,更多的人是纯粹数学家.

20 世纪 40 年代以后,数学专家越来越多,这些专家只能研究数学的某个分支.诸如,有的积分论专家一辈子只研究积分论,有的函数论专家几十年只搞函数论……20 世纪 60 年代前后,能被称得上是数学家和数学权威的只有两个人:一位是 J. von Neumann,他对几何学、代数学、分析学、测度论、算子论、泛函分析、计算机科学、数值分析等都做出了重要贡献.他是电子计算机的创始人,对误差分析做了奠基性的工作,还对量子力学做出了贡献.另一位是苏联数学界的权威柯尔莫哥洛夫,他早年对函数论和 Fourier 分析做出过杰出的贡献,后来又对泛函分析、拓扑学等分支做出了重要贡献.尤其是他完成了概率论的公理化工作.在概率论与统计数学上有重要的"柯尔莫哥洛夫检验法""柯尔莫哥洛夫定理"等.他还是信息论、控制论的创始人之一.他对应用数学也有贡献.这两位可算是名副其实的数学家了.

20 世纪 60 年代以后,很难找到如此多才多艺的数学权威.近几十年来,人们所说的数学家多半是数学专家,他们主要是在数学的一两个分支上做出了重大贡献.针对这种现象,Bourbaki 学派呼吁:今后的数学教育应面对一个伟大的目标,即着重培养综合性的数学家,而不光是数学专家.当然,这涉及改革数学教育的培养目标.

综上所述,分工过细的积极作用是,各专一行,便于攀登学术高峰,并较快地达到登峰造极的地步.但分工过细的消极影响却更大,隔行如隔山,相互间很难协作,不利于攻克大型问题.事实上,即使解决数学某个分支的某一重要问题,有时也要借助于其他分支的方法.现举一个例子来说明这一点.原来单叶函数论中有个著名的 Bieberbach 猜想,长期以来,各国学者为证明其正确性做过许多努力,但他们都只能在某种条件下进行论证.现在,Bieberbach 猜想已被 de Branges 利用特殊函数论中 Askey 的有关结果完全证实.由此看出,过分专门的数学专家对数学理论的推进作用不大.即使在纯理论的数学领域里,要想做出出色的贡献也得精通几个数学分支.解决应用数学中的问题,更是这样.

分工过细,各守一隅,还容易文人相轻,各自为政,甚至互相排斥,阻碍数学新分支的成长,对数学的发展极为有害.例如,1983 年本文作者之一访美时发现,美国数学界从事纯粹数学研究的人对非标准分析、模糊数学、组合数学就持轻视、贬低的态度,这个现象是 18～19 世纪所没有的.实际上,除传统的分析外,非标准分析也应该加以研究.模糊数学应用面很广,组合数学在计算机科学中起着很大的作用,都应该加以研究.这种由于分工过细、知识面窄所形成的不知天外有天、山外有山的狭隘观念,给数学的进一步发展带来了很大的困难.

(3)数学教育与教学方法固步自封所带来的困难

现在数学教育的教材内容陈旧,教学方法古板,教学观点偏于形式主义,还有些机械.这是从宏观的观点说的,国外也如此.许多数学工作者认为,总的说来,现在初中、高中教材基本上是 16～17 世纪的产物,大学教材是 18～19 世纪的东西,大学生直到做毕业论文时才接触 20 世纪的文献.教材编写数十年如一日,没有什么变化.例如,我国高校现行微积分等教材基本上沿袭 20 世纪 50 年代向苏联学习时的那套传统,虽经几次改写,还是几十年前的东西,只是组织得更有条理、更严格、更形式化一些而已,至今不接触"流形"观点.美国自 20 世纪60年代以来,都开设"流形上的微积分"课,国外工程师都会运用这种流形分析工具.其实流形的观点并不困难,而且用流形观点讲微积分反而简化某些概念使其便于应用.我国自20世纪80年代以来开始注意这个问题,先后翻译和出版了多种关于流形上的微积分方面的著作.上述固步自封的局面适应不了当代数学发展的需要,现在数学教育已经到了非革新不可的阶段.

在教材编写的风格上,问题更大.回顾历史,18~19世纪是数学蓬勃发展的阶段,那时的分析和代数教材演绎、归纳并重.教材编写遵循从特殊到一般、从具体到抽象的认识规律,使初学者首先从直观上认识数学内容的背景,然后上升到理性认识.但是近几十年来,特别是19世纪末到20世纪初,数学发展到所谓理性主义阶段,写书强调综合统一、严格化,演绎法在数学中取得支配地位,最后,数学教材只反映演绎而无归纳了.半个多世纪以来,由于公理化的影响,尤其是现代形式主义的影响,公理化主义、纯形式主义反映到数学中来,数学被逐步描述为公理化系统.应该承认,公理化思想是数学发展的一大进步,把数学知识整理成公理化系统,使其更有条理、更严密,是很有必要的.但是作为教材,只持形式主义观点固然可以训练人的逻辑思维能力,却难以培养学生灵活的创造、发明能力.应该演绎、归纳并重,以期我国数学教育能造就出更多的具有开发数学新领域的精神素质的数学工作者.

国内外数学教材所存在的这一通病引起了数学界的注意.20世纪60年代前后,国外曾出现"新数学运动"(new mathematics movement),他们提倡用结构主义观点处理教材和教法,这实际上就是Bourbaki学派的观点.从数学的发展来看,这种观点是无可非议的.在教学上,他们把数学理解成结构,研究数学就是研究各种数学结构(母结构、有序结构、代数结构和拓扑结构).把数学知识归纳为三大基本类中的某一类,或由这些基本类所形成的交叉结构.按此观点改革当时的教材,中学数学首先讲集合论,还要讲形式逻辑、数理逻辑的一部分及数学结构等知识.这种思潮遍及美、英、法等国,历时10年而以失败告终.其原因在于,这种做法既违反数学具有归纳、演绎二重性这一本质,也违反人的认识规律.更可笑的是,这样教出来的学生只会夸夸其谈,不会计算.譬如,叫他们计算 3×7,他们首先考虑 3×7 是否等于 7×3. "新数学运动"后又被称为教改的试验时期,它虽是革旧布新,但其实质是变直观为形式,失败也就在所难免.

20 世纪 70 年代初期,教改进入反省时期,此时美国杰出的数学家兼教育家 G. Pólya 的观点重新受到人们重视.他的基本思想是,数学体系具有归纳、演绎二重性,数学教材也要体现这种二重性,教材和教学都要符合人的认识规律.我国 20 世纪 50 年代就翻译出版过 Pólya 的名著《怎样解题》(*How to Solve It*),近几年又重新翻译出版了这本书和他的另两部名著《数学的发现》和《数学与猜想》.后两本书是 Pólya 数学教育思想研究的代表作,在美国 20 世纪三四十年代曾经产生很大的影响.

20 世纪 70 年代以后,数学的发展处于酝酿阶段并走向新的变革时期.我们现在正面临这个新的历史时期,时代要求数学工作者是保守思想最少的激进派.为了进入数学发展的历史新阶段,首要任务是克服本文所说的那三个巨大的困难,这样做必然会给数学的发展带来新的推动力.而更大的推动力来自以下三方面:

新技术革命的数学需求;

各门科学的数学化趋势;

数学计算化、计算数学软件化的趋势.

这是因为,数字电子计算机的问世与发展是几十余年来科学技术发展所取得的最重大的成就之一.数字电子计算机对人类生活和社会结构都产生了深远的影响,对科学家所用的数学提出了新的要求.例如,随着计算机科学时代的到来,大大地推动了计算数学的发展,计算数学不仅需要理论数学作为基础,其成果又需要表现成软件形式,供社会使用.

众所周知,"数学的源泉是数学的应用".当今,计算机在世界范围内已经普及.计算机科学、计算数学能够以比其他科学或技术领域更快的增长速度满足大量数学应用的需求.各门科学关于做出定量分析的要求开始得以实现,数学发展的前景更加广阔.20 世纪 80 年代,数学发展的趋势朝着离散数学方向有力地增长着,离散分析得到进一步的发展.离散分析(discrete analysis)包括数论、Boole 代数、线性代数、抽象代数、编码与译码理论、数理逻辑、组合数学、图论、离散概率论等数学分支.这样说并不意味着微积分与经典分析将不再享有盛誉,而只是说,它在数学中的支配地位及其应用面临一场挑战.例如,A. Ralston 就写过一篇论《微积分的衰落——离散数学兴起》的文章.诚然,"微积分是人类才智的最大业绩之一",尽管国内外目前还是连续数学占统治地位,但是今后,离散分析却完全有可能与经典分析平等地设置于某类学科的学习计划中.认识未来数学发展的这一特点,就应该组织一定力量研究离散数学.

3 预见:解决困难的途径

探索解决困难的途径,属未来学范畴.展望未来,可以预见:

(1)"数学学"必然兴起

近几年,国内外不少学者提出了"数学学"的概念."数学学"是以数学本身为研究对象的科学,它不是数学分支,也不是数学哲学,而是统率全部数学的一门学问."数学学"现正处于萌芽状态,但仍可以预见其内容至少应包括三方面:

数学文献学 本文第二部分中已述,现今数学文献浩瀚如海,数学文献学旨在研究如何使用电子计算机储存文献,继之对其进行整理、分析、分类,以备数学研究工作者查阅、引用.为此,必须解决如何分析、如何分类等原则问题,将来还需要通过智能机进行文献检索和管理.

数学评估学(critical analysis of mathematics) 国内外都有文学评论学,并有专门杂志发表评论文章.我国也提倡文学评论,鲁迅就提倡过评论.数学也应该提倡评论,评论就要分析,所以叫"评估学".通过评估,对大量数学文献、资料和数学成果去粗取精,沙里淘金.这门科学需要数学发展史、辩证唯物主义和数学哲学作为其基础,以提供评估数学成果的观点和标准.由此可见,创建这门学问是一项重要而艰巨的任务.

数学方法论 数学方法论是探索数学的发展规律、思想方法以及数学领域中的发现、发明和创新等法则的一门学问.开展数学方法论的研究将为造就我国新一代的数学家做出很大贡献.

当然,"数学学"可能远不止这些内容. 总之,不论进行数学创作或评估都必须有历史眼光和自己的见解. 众所周知,我国唐朝文学发达,提倡作诗,但能传诵至今者并不多,熟知的《唐诗三百首》就是经过历史多次筛选所留存的精华. 我们从事数学研究也需要有历史眼光,抓住那些推动数学发展的关键性问题进行研究,争取做出开拓性工作. 举一个小例子,有个数学家名叫 M. A. Zorn,他曾写过一篇只有两页长的短文,证明了"凡所含诸链皆有上界的偏序集必有极大元素"这个命题,即所谓"Zorn 引理". 该引理被后人在文献中千百次地引用. M. A. Zorn 虽非杰出数学家,但他所证明的"Zorn 引理"简便易用,生命力强,这个成果势必流传千古.

(2)计算机(特别是智能机)作为人脑的延伸日益被重视

21 世纪计算机(特别是智能机)将得到极大发展,以帮助人们储存、管理、检索文献资料,并代替人脑进行创造性劳动. 特别地,生物元件计算机有可能被发明出来,如此,智能机将进入新的历史阶段.

(3)研究活动方式社会化

科学发展加剧了学科间的互相渗透. 现在物理科学已很明显,多为集体研究、分工协作. 像核物理研究所为了探索新的粒子,常组织数十人的队伍合作攻关,有的文章发表时作者名字排了长达一页. 这种趋势一定会进一步加强. 将来数学研究的活动方式也会越来越社会化,集体研究成风. 集体研究,分工协作,联名发表文章、撰写著作是科学研究工作中的正常现象,应该大力提倡. 这样可以集思广益,提高研究质量,有利于解决大型问题,做出开创性工作. 历史上,Bourbaki 学派这个研究组织已经为我们树立了良好的典范.

(4)方法论大发展

将来要有一批新的专家:数学文献学专家、数学评论家、数学方法论兼数学史专家. 没有方法论和史学观点就不可能很好地理解数学,更难以谈得上有重要的发明和创造.

(5)数学创造直观源泉的大拓广

17 世纪到 19 世纪,数学发展的直观源泉主要是物理学. 1951 年,J. von Neumann 曾说过,分析是技术上的最大成功和数学中的最精彩部分. 近几十年来,人们研究运筹学、生命科学等,数学的直观源泉已远远超出物理学的范围．我们进行数学研究应该到更广阔的天地（如自然科学、社会科学、人文科学、行为科学、管理科学和计算机科学等领域）中去寻找新思想、新观点和新方法．有人预言，今后数学创造思想的丰富源泉将是"事理学"．此外，还有许多边缘科学要大加发展，诸如生物数学等．对此，罗马尼亚、法国已有专门杂志．数学心理学也已形成，它主要运用拓扑学、统计学方法来进行研究．数学语言学，这是一门新学科，波兰有一个学派已做了很重要的贡献．还有数理经济学以及正在酝酿的数学社会学、环境数学等．数学与其他科学的结合会得到进一步的发展．离散数学将进入全盛时代．与此同时，连续数学也将进一步发展，但是有人预言，在未来数学发展史上，会有这么一天，离散数学将代替连续数学占统治地位．目前，某些离散问题通过分析学解决得很好．例如，解析数论就是用分析学处理一些离散的对象，这项工作始于 Riemann．如本文第二部分中所说，离散分析的发展将成为未来数学发展的重要内容．它虽亦具有本身的研究思想、方法、内容和问题，但与连续数学存在着思想和方法的相互影响．二者在未来必是紧密相连的．

我们认为，分析数学和离散数学的交互为用、渗透和发展将成为未来新兴数学的特色．

展望未来，我们满怀希望．我国数学界、数学教育界无疑将以积极进取的精神和创造性的姿态去迎接数学新时代的到来．可以预期，21世纪将是我国成为世界上一个数学大国的光辉时代！

数学哲学现代发展概述①

1 一个时代的终结

所谓数学哲学的现代发展,是相对于以数学基础研究为中心的时代而言的.19世纪90年代到20世纪40年代,可以说是数学哲学研究的一个黄金时代.G. Frege、B. Russell、L. E. J. Brouwer和Hilbert等人曾围绕数学基础问题进行了系统和深入的研究,并发展了逻辑主义、直觉主义和形式主义等具有广泛而深远影响的数学哲学观,从而为数学哲学的研究开拓出了一个崭新的时代.(参见文献[1]或[2])

正因为这是一个以数学基础研究为中心的时代,在数学哲学领域中就出现了这样一个现象:有不少数学哲学的著作就是以数学基础为名的,如 Frege 的《算术基础》、L. Wittgenstein 的《评数学基础》、R. Wilder的《数学基础导论》、A. Fraenkel 和 Y. Bar-Hillel 的《集合论基础》等.另外,如果随意打开一本数学哲学的著作,只要它是在这一时代或是稍后的年代出版的,也一定可以发现有关数学基础问题或逻辑主义等学派的述评在其中占有主要地位.然而,这一时代早已过去了.作为这一时代终结的重要标志就是关于数学基础研究在总体上的反思.例如,这种反思即成为下述一系列论文的主要论题:I. Lakatos的"无穷回归与数学基础"、L. Kalmar 的"数学的基础研究今向何方?"、H. Putnam 的"没有基础的数学"、E. Sleinis 的"数学需要基础吗?"、S. Shanker 的"数学基础的基础"……

①这是作者与郑毓信合作的论文.原载:《数学传播》,1994,18(1):1-8.收入本书时做了校订.

人们经由反思做出了哪些结论呢？这可以大致归结如下：

（1）认识到数学中并不存在所谓的"基础危机"，因而所谓的数学基础研究也就不具有任何特别重要的意义，或者说，数学基础问题不应被看成数学哲学研究的主要内容.

例如，Putnam 等人就曾对导致"数学基础危机"这一说法的若干困惑问题进行过具体分析：

首要的一个问题是，集合论悖论的发现是否证明了已有数学的不可靠性？（参见文献[1]）确实，集合论悖论被发现的最初一段时期，曾使一些数学家感到很大的震惊. 但是，正如文献[6]中所指出的，进一步的研究表明，数学活动的真正领域，无论是分析或几何，都没有直接受到悖论的影响. 悖论只是出现于那些特别一般的领域，而这远远超出了实际使用这些学科的概念的范畴. 因此，所谓的"危机感"就只是一个"历史现象"，而实际上早已不再存在. 与此相反，现今为人们所普遍接受的却是关于数学的坚定信念. 例如，M. Steiner、H. Lehman 与 P. Kitcher 等人都曾不约而同地指出，数学哲学研究的一个明显而又无可辩驳的出发点是：人们具有一定的数学知识，这些知识是可靠的，即是已经获得证实的真理.（参见文献[11]、[12]、[13]）

第二个问题是，在如何解决悖论问题上缺乏统一的意见是否意味着数学的研究不再具有统一的基础？（参见文献[6]）事实上，如今的普遍看法是，现行的公理集合论，如 ZF 系统和 BG 系统，已经为数学的研究提供了一个合适的基础，因为这些理论的基本原则是为一般数学家所几乎一致接受的. 而且，所有已知的悖论在其中都已得到排除（这就是说，这些悖论不可能按照原来的方法在其中得到构造）. 再者，在理论系统中至今并没有发现新的悖论.

第三个问题是，非欧几何的建立是否意味着数学真理性的丧失？（参见文献[1]）正如 Putnam 所指出的，非欧几何的创立，只是表明了"自明性"并不能被看成相应结论绝对真理性的保证. 因而，我们所应抛弃的仅仅是关于数学具有绝对的先天真理性的观点，而不能因此否定数学的真理性. 实际上，数学乃研究理想化的"量化模式"的科学，数学模式所具有的"形式客观性"即蕴涵了"模式真理性"，而反映各种可能的不同空间结构形式的那些几何模式（一类量化模式）具有多样性

是很自然的事.(参见文献[22]、[23])

综上所述,我们就得出了这样的结论:不能认为数学是含糊不清的;也不能认为数学在其基础中有任何危机;我们不必徒劳无功地去继续寻找基础;我们也不必因缺乏基础而迷惑徘徊或感到不合逻辑.(参见文献[9]、[16])

当然,在断言"数学基础问题已不再是数学哲学研究的中心问题"的同时,我们并不能由此否定数学基础研究的意义.事实上,后者现今在很大程度上已经成为一种专门的数学研究.另外,作为先前的数学基础研究的继续和发展,相应的哲学思考也具有一定的哲学意义.特别是,由于集合论在现代数学中占有特别重要的地位,关于集合概念的深入分析便成为现代数学哲学研究的一个重要课题.但是,这只是全部数学哲学的一个部分,不应被看成数学哲学的中心问题或主流.

(2)发现已有的观点不能令人满意,因此需要寻找新的出路.

例如,A. Robinson 虽把上述的 50 年称为"数学哲学的黄金时代",但他还是认为所有那些作为数学的哲学基础而提出来的观点都具有严重的缺陷和困难.(参见文献[15])另外,Putnam 则采取了更为直接的批判立场,认为"数学哲学中的各种体系无一例外都是无须认真看待的".(参见文献[9])

实际情况是,数学哲学的研究曾由于逻辑主义等学派的失败而一度陷入低谷,并被描述成"进入了一个悲观的、停滞的阶段".(参见文献[8])但是,人们现已摆脱了这种悲观的情绪,并积极从事于新的研究.这可从以下的一些文献中清楚地看出:R. Hersh 之《复兴数学哲学的一些建议》、I. Lakatos 之《经验主义在现代数学哲学中的复兴》、T. Tymozko 之《数学哲学的新方向》……

综合上述,可见数学哲学的研究已经脱离了数学基础研究的传统框架,从而已告别了旧时代而进入一个新的历史时期.

2 数学哲学的现代发展

自 20 世纪 50 年代起,数学哲学便进入了一个新的发展时期.与数学基础研究相比,这一新的发展表现出了一些显著的不同特点.

(1)研究立场的转移,即由严重脱离实际数学活动转移到了与其密切结合.

　　具体地说,在数学基础研究中,尽管逻辑主义等学派提出了不同的主张,但他们所实际从事的都是一种趋于规范性的工作.这就是说,他们的共同出发点是对于已有数学可靠性的忧虑或不满,他们又都提出了关于数学可靠性的某种标准,并力图按照这样的标准去对已有的数学进行改造或重建.这正如 P. Benacerraf 和 Putnam 所指出的:他们所考虑的主要是"'合法'的数学应当是什么样的".他们企图为实际的数学活动提出明确的规范,即"什么样的概念和方法是合法的,从而可以正当地加以使用".(参见文献[1])

　　正因如此,数学基础研究在整体上就暴露出了严重脱离实际数学活动的弊病.与此相比,人们在现代的数学哲学研究中则已注意到采取新的基本立场.这就如同 R. Hersh 在《复兴数学哲学的一些建议》中所指出的:在数学哲学的研究中我们应当采取一种不同的态度,即"不承认任何一种先验的哲学信条有权告诉数学家应该做什么,或者宣称他们正在不由自主地或不知所谓地做什么",而应"真实地反映当我们使用、讲授、发现或发明数学时所做的事".这就是说,数学哲学应当是数学家们工作中的"活的哲学",即研究人员、教师和使用数学者对他们所从事的工作的哲学见解.(参见文献[16])

　　研究立场的转移直接导致了新的数学观念.例如,正是基于对数学家实际言行及数学史上实例的考察,经验主义才得以在现代数学哲学中"复兴".(参见文献[8]、[12]、[13]、[17])而这不仅是对于逻辑主义等学派理性主义立场的一种"逆动",而且也是依据数学的现代发展对传统的经验主义数学观(以 J. Mill 为主要代表)所做出的重要改进或修正.其次,除"经验性"以外,一些数学哲学家还突出强调了数学的"拟经验性",即认为除实践的标准以外,数学还具有自己相对独立的检验标准——显然,这即是对于数学特殊性的直接肯定.(参见文献[7]、[20]、[21])最后,也正是基于数学的现代发展,一些学者提出了"数学是模式的科学"的观点.(参见文献[22])而这即可看成关于"什么是数学"的明确回答.

　　应该提及的是,我们也在上述方向上做出了独立的研究工作.其一是关于数学抽象的定性分析.具体地说,我们认为,除抽象的内容和量度以外,数学抽象的特殊性更在于它的特殊方法:在严格的数学研究中,无论所涉及的对象是否具有明显的直观意义,我们都只能依据相应的定义(显定义或隐定义)和推理规则去进行演绎,而不能求助于直观,从而,在这样的意义上,数学的抽象事实上就是一种"建构"的活动——数学的研究对象即是通过这样的活动得到构造的.正因如此,数学对象的建构即意味着与真实的分离.这就是说,在纯粹的数学研究中,我们是以抽象思维的产物为直接对象,而不是以其可能的现实原型为直接对象而从事研究的.进而,相对于经验的研究而言,以抽象思维的产物为对象所从事的研究也就具有更为普遍的意义:它们所反映的已不是某一特定事物或现象的量性特征,而是一类事物或现象在量的方面的共同特性.

为了清楚地表明数学对象的相对独立性及其普遍意义,并考虑到数学抽象的特殊内容,可以把数学的研究对象特称为"量化模式".从而,对于"什么是数学"的问题我们就可做出如下的解答:数学即是建构和研究量化模式的科学.由于这同时表明了数学的研究对象与方法,因此就可被认为是关于数学的一个较为合适的"定义".另外,这事实上也就为上述关于"数学是模式的科学"的论述提供了必要的补充和说明.

以上述关于数学抽象的定性分析为基础,我们进一步发展起了一个系统的数学哲学理论——"模式论的数学哲学",包括模式论的数学本体论、数学真理的层次理论和模式论的数学认识论.(参见文献[23]、[24]、[25]、[26])这为某些传统的数学哲学问题提供了明确的解答.

首先,由于数学对象是借助于明确的定义而得到建构的,而且在严格的数学研究中,我们只能依靠所说的定义去进行推理,而不能求助于直观,因此,尽管某些数学概念在最初很可能只是少数人的"发明创造",但一旦这些对象得到了"建构",它们就立即获得了确定的"客观内容".又由于这种客观内容不可能借助与真实世界的联系而得到直接、简单的说明,因此,从本体论的角度说,既应肯定数学对象对于思维的依赖性,又应承认数学对象构成了与真实世界不相同的另一类独立存在(可特称为"数学世界").这就是说,正是所说的建构活动促成了其由主观的思维创造向客观的独立存在的转化.

其次,所谓"数学真理的层次理论",其核心内容即是指数学真理具有一定的层次性:第一层次即"现实真理性"——表明数学理论是对于客观世界量性规律性的正确反映;第二层次为"模式真理性"——如果一个数学理论建立在合理的抽象思维之上,即可认为确定了一个量化模式,该理论就其所取得的形式客观性而言则可被认为是关于这一模式的真理.显然,相对独立的"模式真理性概念"的引进,乃是承认数学对象独立存在性的直接推论或必然发展,而这同时也就清楚地表明了数学思维的某种"自由性",数学家们在一定程度上可以自由地去创造自己的概念,而无须随时去顾及它们的真实意义.

最后,从认识论的角度说,真理的层次性也就表明了数学的认识活动具有多种不同的标准.特别地,除实践的标准以外,数学研究还具有相对独立的数学标准,如新的研究是否有利于认识的深化以及方法论上的进步等.显然,后一分析与上述关于数学"拟经验性"的断言是完全一致的.或者说,在一定的限度内,我们可以单纯凭借数学思维与数学世界的相互作用使认识得到发展和深化:

$$\boxed{\text{数学思维}} \longrightarrow \boxed{\text{思维内容}} \longrightarrow \boxed{\text{新的数学思维}} \longrightarrow \boxed{\text{新的思维内容}} \longrightarrow \cdots$$

(2)研究的内容和方法表现出了明显的开放性,特别是由一般科学哲学中吸取了不少重要的研究问题和有益的思想,这就和以往的封闭式的数学基础研究大相径庭.

例如,I. Lakatos 所倡导的拟经验的数学观事实上就是将 K. Popper 的证伪主义科学哲学理论推广应用到了数学的领域.又如,在 T. Kuhn 的科学哲学研究的影响下,出现了关于数学的"社会—文化"研究.

就后者而言,应当特别提及 Kitcher 的"数学活动论"(参见文献[13]).这一理论的基本观点就是认为数学不应简单地等同于数学知识的汇集,而应被看成人类的一种创造性活动. Kitcher 还对"数学活动"的具体内容进行了分析,即认为数学应被看成是由"语言""方法""问题""命题"等多种成分所组成的一个复合体.显然,这种关于数学的动态研究是与先前的研究传统,亦即单纯着眼于数学知识的逻辑结构的静态分析大相径庭的.

另外,新的研究的又一重要特点则是突出强调了数学研究的社会性.这就是说,在现代社会中,每个数学家都必然是作为相应的社会共同体(可称为"数学共同体")中的一员从事研究活动的,从而就自觉或不自觉地处在一定的数学传统之中.特殊地,一种数学模式的最终建立也就取决于数学共同体的"判决":只有为数学共同体所一致接受的数学概念、方法、问题等才能成为真正的模式.显然,按照这一分析,在论及数学(活动)的"客观内容"时,就应在"语言""方法"等成分上都加上"数学共同体所一致接受的"这样一个限制词,还应当把作为数学传统之具体体现的各种"观念",如"数学观"和"应当怎样去从事数学研究"的共同认识等,看成数学(活动)的一个重要组成部分.

所谓数学的文化研究尚有多种不同的意义.例如,M. Kline 的《西方文化中的数学》(参见文献[19])就从某个角度表明了数学作为一种"子文化"与整个人类文化的关系. R. Wilder 则集中地研究了数学发展的规律和动力(参见文献[27]、[28])——在 Wilder 看来,这就清楚地表明了数学的相对独立性,而这事实上也就是数学能被看成人类文化的一个子系统的必要条件.本文作者之一亦在这一方向上进行了一些研究,特别是从整体上对数学的文化功能,亦即数学与"真""善""美"的关系进行了分析.(参见文献[29]、[30]、[31])

最后,与实际的数学活动(包括数学研究和数学教育)的密切联系也可看成为现代数学哲学研究开放性的一个重要表现.特别是,作为对于思想方法的研究,数学方法论的研究在现代得到了新的发展.就后一方面的工作而言,我们当然应当首先提及著名数学家 G. Pólya 对于数学启发法的"复兴".因为,正是 Pólya 在这方面的工作(参见文献[32]、[33]、[34])为现代的数学方法论研究奠定了必要的基础,特别是确定了这种研究的性质——这主要是一种启发性的研究(参见文献[35]).另外,应当提及的是,数学方法论在中国现已得到了普遍的重视.例如,我们在这一方面所获得的一些研究成果(参见文献[35]、[36]、[37]、[38])开始在实际的数学活动中产生积极的影响.特别地,数学方法论的研究更被有些中国数学家和大学教师说成是促成中国数学教育现代发展的三大要素之一.事实上,透过对美国数学教育的具体考察可以看出,数学观的演变正是促成数学教育现代发展的一个重要原因.(参见文献[40]或[41])显然,这就更为清楚地表明了数学哲学研究的积极意义.

综上可见,无论就研究的问题,或是就基本的立场和观念而言,现代的数学哲学研究与先前的数学基础研究相比都已发生了重要的变化,这种变化已经,并将继续对实际的数学活动产生重要而深远的影响.

参考文献

[1]　Benacerraf P, Putnam H. Philosophy of Mathematics[M]. Englewood Ciffs, N. J. :Prentice-Hall, Inc. , 1964.

[2]　夏基松,郑毓信.西方数学哲学[M].北京:人民出版社,1986.

[3]　Frege G. The Foundations of Arithmetic[M]. Oxford:Blackwell,1950.

[4]　Wittgenstein L. Remarks on the Foundations of Mathematics [M]. Oxford:Blackwell,1956.

[5]　Wilder R. Introduction to the Foundations of Mathematics [M]. New York:John Wiley&Sons,1952.

[6]　Fraenkel A, Bar-Hillel Y. Foundations of Set Theory[M]. Amsterdam:North-Holland,1958.

[7]　Lakatos I. Infinite regress and foundations of mathematics [C]//Lakatos I. Mathematics, Science and Epistemology. Cambridge:Cambridge Univ. Press,1978.

[8]　Kalmar L. Foundations of mathematics—whither now? [C]// Lakatos I. Problems in the Philosophy of Mathematics. Amsterdam:North-Holland,1967.

[9]　Putnam H. Mathematics without foundations[C]//Putnam H. Mathematics, Matter and Method. Cambridge:Cambridge Univ. Press,1979.

[10]　Sleinis E. 数学需要基础吗[J]. 自然科学哲学问题丛刊,1984 (1).

[11]   Steiner M. Mathematical Knowledge[M]. New York：Cornell Univ. Press，1975.

[12]   Lehman H. Introduction to the Philosophy of Mathematics [M]. Oxford：Blackwell，1979.

[13]   Kitcher P. The Nature of Mathematical Knowledge[M]. Oxford：Oxford Univ. Press，1985.

[14]   Kline M. 数学的基础[J]. 自然杂志，1979(4)；1979(5).

[15]   Robinson A. Formalism 64[C]//Bar-Hillel Y. Logic，Methodology and Philosophy of Science. Amsterdam：North-Holland，1964.

[16]   Hersh R. 复兴数学哲学的一些建议[J]. 数学译林，1981(1)；1981(2).

[17]   Lakatos I. A Renaissance of empiricism in the recent philosophy of mathematics[C]//Lakatos I. Mathematics，Science and Epistemology. Cambridge：Cambridge Univ. Press，1978.

[18]   Tymoczko T. New Directions in the Philosophy of Mathematics[M]. Boston：Birkhäuser，1985.

[19]   Kline M. Mathematics in Western Culture[M]. London：George Allen & Unwin Ltd. ，1954.

[20]   Lakatos I. Proof and refutations[M]. Cambridge：Cambridge Univ. Press，1976.

[21]   Putnam H. What is mathematical truth？ [C]//Mathematics，Matter and Method. Cambridge：Cambridge Univ. Press，1979.

[22]   Steen L. The science of patterns[J]. Science，1988，240(4852)：611-616.

[23]   徐利治，郑毓信. 数学模式论 [M]. 南宁：广西教育出版社，1993.

[24]   徐利治，郑毓信. 数学模式观的哲学基础[J]. 哲学研究，1990(2)：74-81.

[25]   郑毓信. 数学哲学新论[M]. 南京：江苏教育出版社，1990.

[26]   Zheng Y X. Philosophy of mathematics in China[J]. Philos-

ophia Mathematica,1991,6(2):174-199.

[27] Wilder R. Evolution of Mathematical Concepts[M]. New York:
John Wiley & Sons,lnc. ,1968.

[28] Wilder R. Mathematics as a Cultural System[C]. Oxford:Per-
gamon Press,1981.

[29] 郑毓信. 数学的文化观念[J]. 自然辩证法研究,1991,7(9):
23-32.

[30] 郑毓信. 数学:不可思议的有效性? [J]. 南京大学学报,1992
(4):106-109.

[31] 郑毓信. 数学:看不见的文化——论数学的文化价值[J]. 南京
大学学报,1994(1):54-63.

[32] 波利亚 G. 怎样解题[M]. 北京:科学出版社,1982.

[33] 波利亚 G. 数学的发现[M]. 呼和浩特:内蒙古人民出版
社,1980.

[34] 波利亚 G. 数学与猜想[M]. 北京:科学出版社,1984.

[35] 徐利治,朱梧槚,郑毓信. 数学方法论教程[M]. 南京:江苏教育
出版社,1992.

[36] 徐利治. 数学方法论选讲[M]. 武汉:华中工学院出版社,1983.

[37] 徐利治,郑毓信. 关系—映射—反演方法[M]. 南京:江苏教育
出版社,1988.

[38] 徐利治,郑毓信. 数学抽象方法与抽象度分析法[M]. 南京:江
苏教育出版社,1990.

[39] 郑毓信. 数学哲学、数学教育与数学教育哲学[J]. 哲学与文化,
1992(10).

[40] 郑毓信. 时代的挑战——美国数学教育研究之一[J]. 数学教育
学报,1992,1(1):40-46.

[41] 郑毓信. 加强学习,深化研究,加速发展我国的数学教育事
业——美国数学教育研究之二[J]. 数学教育学报,1993,2(1):
3-10.

[42] Aspray W,Kitcher P. History and Philosophy of Modern Mathe-
matics[M]. Minneaplis:Univ. of Minnesota Press,1988.

[43]　Echeverria J, Ibarra A, Mormann T. The Space of Mathemat-
　　　ics: Philosophical, Epistemological and Historical Exploration
　　　[M]. Berlin: Walter de Gruyter, 1992.

[44]　Tiles M. The Philosophy of Set Theory[M]. Oxford: Basil
　　　Blackwell, 1989.

[45]　Parsons C. Mathematics in Philosophy[M]. New York: Cor-
　　　nell Univ. Press, 1983.

[46]　Maddy P. Realism in Mathematics[M]. Oxford: Clarendon
　　　Press, 1990.

[47]　Wang H. From Mathematics to Philosophy[M]. London:
　　　Routledge & Kegan Paul Ltd. , 1974.

[48]　Wang H. Reflections on Kurt Gödel[M]. Cambridge: MIT
　　　Press, 1987.

[49]　Gillies D. Revolutions in Mathematics[M]. Oxford: Clarendon
　　　Press, 1992.

[50]　Mac Lane S. Mathematics, Form and Function[M]. New York:
　　　Springer-Verlag, 1986.

[51]　Mac Lane S. 数学模型——对数学哲学的一个概述[J]. 自然杂
　　　志, 1986, 9(1): 49-54.

[52]　Resnik M. Mathematics as a science of patterns: ontology and
　　　reference[J]. Noûs, 1981, 15(4): 529-550.

[53]　Resnik M. Mathematics as a science of patterns: epistemology
　　　[J]. Noûs, 1982, 16(1): 95-105.

[54]　Whitehead A. 数学与善[C]//邓东皋. 数学与文化. 北京: 北京
　　　大学出版社, 1990.

[55]　Borel A. 数学——艺术与科学[J]. 数学译林, 1985(3).

[56]　Holmos P. 应用数学是坏数学[J]. 数学译林, 1985(4).

[57]　Bonsall F. 切合实际的数学观[J]. 数学译林, 1985(4).

[58]　邓东皋. 数学与文化[M]. 北京: 北京大学出版社, 1990.

[59]　林夏水. 数学哲学译文集[C]. 北京: 知识出版社, 1986.

[60]　中国社会科学院哲学研究所逻辑研究室. 数理哲学译文集

[C].北京:商务印书馆,1988.

[61]　徐利治,王前.数学与思维[M].长沙:湖南教育出版社,1990.

[62]　张景中.数学与哲学[M].长沙:湖南教育出版社,1990.

[63]　齐民友.数学与文化[M].长沙:湖南教育出版社,1990.

[64]　胡作玄.数学与社会[M].长沙:湖南教育出版社,1990.

[65]　黄耀枢.数学基础引论[M].北京:北京大学出版社,1987.

[66]　王前.数学哲学引论[M].沈阳:辽宁教育出版社,1991.

[67]　Davis P J,Hersh R. 数学经验[M].南京:江苏教育出版社,1991.

[68]　Davis P J,Hersh R. Descartes' Dream[M]. San Diego:Harcourt Brace Jovanovich,Inc. ,1986.

[69]　郑毓信.数学方法论[M].南宁:广西教育出版社,1991.

关于数学与抽象思维的几个问题[①]

现代数学的发展越来越使人们认识到,数学是运用抽象分析法研究事物关系结构的量化模式的科学.**量化模式**又叫作**数学模式**(mathematical pattern),通常指的是遵循某种规范化或理想化的标准,概括地表现一类或一种事物关系的形式结构.当然,凡是数学模式在概念上都必须具有一义性、精确性和一定条件上的普适性以及逻辑上的可演绎性.读者不难运用"模式观点"(pattern view)去理解:数学中的每一个概念,每一条定理或每一个公式,乃至每一套数学理论以及应用数学中每一种具有普适性的数学模型,都无一例外地可以看成或大或小的数学模式.

一般说来,数学模式在其所反映的内容背景上或其形成概念的本源上必然只有某种客观实在性,但是在表现形式(或技巧)上又往往反映着理性思维的创造性或由某些审美观念所导致的主观选择性.

本文着重讨论数学与抽象思维关系中的某些常被曲解的问题和容易产生的误会,并努力澄清这些问题和误会.相信这对开展数学研究和推进数学教改事业会产生一些积极作用.

1 数学与左右脑思维的关系问题

现代脑科学的研究成果表明,人的左半脑担负着抽象思维、逻辑分析及推理的任务.因此,同一般人相比,人们往往认为数学工作者的左脑思维是高度发达的.这种状况有时造成一种误解,即认为数学家

①原载:《松辽学刊(自然科学版)》,1991(4):1-6.后转载于大连理工大学《高等教育研究》,1992(2),转载时有删节.本书收录自后者,并做了校订.

（包括教师和一般专业数学工作者）只需借助于左脑思维即可从事数学研究和教学. 甚至有一位名叫 Gardner 的心理学家曾以一种稍嫌不恭的方式，把数学家描述成为右脑半球受损伤而失去机能的病人. 说什么"他们对自身的状况毫无幽默感，更不用说那些构成人类交往核心部分的很多微妙的直觉的人际关系了. 人们感到同他们说话所得到的回答，毋宁说是从计算机所印出的纸带上高速抄录下来的."我在青年时代曾读过一篇某位中国知名作家的文学作品，该作品中也把数学家形容成为"只会冷冰冰地逻辑推理而缺乏常人感情的动物". 以上所述都是数学外行们的误会，误会的原因无非是由于他们只看到了数学的表述形式（即逻辑演绎形式），而不了解数学成果的发现与创造过程. 事实上，数学中的创造、发明或发现都离不开想象、猜想、直觉和审美意识，而形象思维和直觉思维以及数学中的审美直观正好是右半脑的特有功能. 而 G. Pólya 在他的名著中所阐明的"合情推理"，也往往需要右脑思维（即直觉思维）的参与. 因此，若要想很好地研究数学并有所贡献，或通过数学培养出有创新才能的科技工作者，则如何同时去培育和协调调动左脑、右脑两半脑的功能，便成了一个值得研究而且应该予以解决的大问题.

2 关于抽象脱离实际的问题

　　一般认为数学中的一系列概念越抽象，便越远离实际，甚至会完全脱离实际. 可是另一方面，人们又看到正是非常抽象的数学能在现实世界中找到非常广泛而深刻的应用. 其例子举不胜举. 这就和"数学越抽象就越脱离实际"的世俗之见相矛盾了. 这里所说的世俗之见也是关于数学与抽象思维关系问题的一个误会！这一误会之所以产生是因为该世俗之见只见到了数学中的"弱抽象规律"，即所谓**特征分离概括化法则**，而忽视了数学中还有"强抽象规律"，即那个极为重要而深刻的**关系定性特征化法则**.

　　正因为数学科学中的大量数学模式都是多次弱抽象过程和强抽象过程交互为用的产物，这些模式能兼具应用上的广泛性和深入性也就不足为奇了. 现代泛函分析、拓扑学（及其诸分支）、随机过程论、抽象代数（包括群论、环论、域论、范畴论等）等领域的大量实例都有效地佐证了这一点.

3 关于抽象与具体的划分问题

人们通常认为抽象和具体是两个截然不同的概念.例如,人们常常这样说:"具体的就是具体的,抽象的就是抽象的."但当采用这种过分简单化的"二分法"观点来看待数学对象时,则有时无法自圆其说.因为在数学领域中,对象的具体性和抽象性是完全相对的.我们知道,作为概念思维产物的数学模式往往是通过不止一次的抽象过程形成的.这就是说抽象是分层次的,因而数学模式可以被赋予**"抽象度"**的概念.事实上,1984年左右我们就写过关于"数学抽象度分析"的文章,并很快引起国内数学哲学界的关注.

一般说来,在数学中抽象度较低的数学模式可以通过抽象过程(弱抽象或强抽象或广义抽象)而提升为抽象度较高的模式.于是,后者相对于前者而言是较抽象的,而前者相对于后者而言是较具体的.由此看来,数学中的抽象性与具体性确实是相对的.

4 关于数学真理性的实践检验问题

所谓数学的真理性,通常是就数学模式的客观真实性以及实际应用性而言的.以往人们常常认为数学模式的客观真实性必须依靠现实世界中"事物关系结构的原型"的存在性来保证.有些苏联学者还把**"原型的存在性"**视为真理的物质性标准.我们认为这是一种由传统所形成的误会,这种误会来源于初等数学与经典分析数学对物理科学的直接有效应用所带来的传统观念.在数学发展的古典时期(甚至直至20世纪初叶)确实可以强调数学真理的"物质性标准".但是,现代数学的抽象度越来越高,许多具有很高抽象度的数学模式很难从现实世界中直接找到它们的"原型".

尽管数学模式都是人脑概念思维的产物,但一经逻辑地构造出来,就好比人们发明、设计出来的汽车、飞机、计算机、导弹、应用计算机软件等一样,它们也同样形成了独立于人们主观意志而存在着的客观世界的一部分.显然可以这样想象:连下棋规则和棋谱都可成为人们研究的客观对象,又何况是合理地构造出来的数学模式呢!不同的数学模式来自不同的抽象层次,故而可用相对的观点来探索其抽象性与具体性. 如果把较具体的一类模式看成具有较高抽象度的模式的具体原型, 那么这类具体原型的存在性自然也就可以作为对高抽象度模式真理性的保证了. 换句话说, 后者的真理性已通过前者的客观存在性而获得了广义实践的检验.

人们往往会对这样的事实情不自禁地感到惊奇: 当初由人脑概念思维(即抽象分析思维活动)所产生的数学模式, 甚至抽象度极高的模式, 为什么最终居然能和现实世界中的事物关系结构规律相一致呢? 对此问题一种最具概括性的回答是: 那是由于人脑抽象思维形式和客观现实世界中的关系结构形态具有"**同构关系**"的缘故. 但是, 为什么主观世界、客观世界之间能够存在这种美妙的同构关系呢? 对此就只能用反映论的基本原理来做出解释了: 上述同构关系之所以存在, 归根到底可以说是由宇宙世界中的"**物质运动规律的统一性**"所决定的. 事实上, 具有概念思维形式并可能动地、概括地反映事物关系结构规律的人脑反映机制, 其本身就是遵循物质运动的普遍规律进化而成的最高物质组成形式. 因此, 由它表现出来的思维运动规律必然对应地符合宇宙世界中的具有统一性的普遍运动规律.

5 关于数学抽象思维的限度问题

关于数学与思维的关系问题, 历史上早就众说纷纭, 并且由于见解不同而形成了不同派别. 一切争论的根源可以归结为对待数学思维可靠性的信任程度问题. 由此还引出了关于数学真理性的**评判标准问题**. 翻开数学史可以看到许多杰出的数学家对待上述问题都有不同的态度. 例如, Cantor 可称之为数学乐园中的自由主义派; Hilbert 算是承上启下的乐观派; 而 Brouwer 则属于手执板斧的怀疑派. 乐观派和怀疑派分别创立了对现代数学产生深刻影响的**公理主义**和**直觉主义**.

人们常常说: "**数学是大自然的语言**", 这句话很富于概括性. 但如果天真地认为自然界的一切事物关系都能够利用抽象思维的产物——数学模式不折不扣地给以完全精确的表述, 那就大错特错了.

不妨就以最简单的几何对象——直线为例. 大家知道它是"时间连续统"和质点定向运动轨迹的数学模型. 为了精确地表述分析数学的一系列概念, 集合论的奠基人 Cantor 曾把数学直线进一步抽象成为"线性点集",并在引进坐标后规定直线上的点和实数作成一一对应（即所谓 Cantor 公理）. 进一步,他还引用"一一对应"的基本观点规定集合之间"基数相等"（又称"等势"）的概念. 这样一来,他就能逻辑地证明直线段上的点集与一个正方形中的平面点集具有相等的基数. 可是正方形明明是具有面积的几何图形,直线段的面积则为零,而两者作为点集结构来看,点点之间竟能一一对应,即具有同一基数. 这显然是一个与"维度概念"相矛盾的命题. 如果人们根据直观常识,不加分析地认定这样一条比较符合直观的公理:"凡直线段上的一切位置点（几何点）恒不能填满具有面积的平面区域",则如上所说的命题岂不就成为一个违背直观常识的"悖论"(antinomy)了?

显然,Cantor 引入的"点集论模式"以及基数相等诸概念,都是抽象概念思维的产物,从逻辑分析形式上看确实是无懈可击的. 但是,把直线连续统抽象成为仅仅具有"**点积性特征**"的点集概念,那就把直线原型结构中本来联结在一起的**连续性**（量度性）和**点积性**"**二重性特征**"彻底摒弃了. 换句话说,在 Cantor 的点集结构模式中已经不再反映连续性（即量度性）特征,因此逻辑地得出与直观常识相悖的命题也就不足为怪了. 如此说来,似乎 Cantor 的抽象方法以及由此形成的"集合论模式"是不能令人满意的! 可是如果不把直线段和欧氏平面区域理解成为线性点集和平面点集,那又如何能使分析数学获得精确而方便的表述形式呢? 事实上,在经典分析数学的严格化过程中,人们还无法找到更好的抽象法去替代 Cantor 的抽象法. 20 世纪 50 年代,法国曾有人做过努力,提出"量度点"(dimensional point)的概念,但实际上它于分析数学并无用处. 事实上,谁也没有办法把直线段抽象成为兼具有连续性（量度性）和点积性的点集概念.

因此,在经典数学范围内,人们只好接受 Cantor 的抽象方法,把本来联结在一起的点积性与连续性两个环节强行分离,才完成了"点集模式"的数学概念. 自然,这是由抽象思维的本质所决定的. 事实上,人脑反映机制的本能（或功能）就是对事物存在形式的映象加以分解或综合（概括）,这就决定了抽象思维（包括逻辑地构造出或设计出数学模式的思维）往往是对实际存在的诸环节实行"**不可分离的分离**"（即强行分离）. 一方面抓住某个特征,视之为本质,概括为普遍属性,形成对象概念,并以此作为精确逻辑思维的出发点;另一方面彻底摒弃其他环节(不如此即不可能保证被抽象出的概念的一义确定性),使这些环节再也不出现在往后的形式推理中.如此继续进行下去,最终便可能导致思维结果脱离实际或者与经验常识相悖.事实上,这正是某些数学悖论产生的根本原因.例如,著名的 Banach-Tarski 的"怪球悖论",正和前面所提到的与"维度概念"相悖的命题类似,它也是由于"点集论模式"不反映连续性特征所导致的必然结果.由此还可看出,"单相性抽象"会导致悖论的不可避免性.

综上所述,可知抽象思维的本性必然决定了对于那些具有多相或双相结构的、相互渗透着的实际关系的反映(表现为单纯的概念)总是不可能完全精确的和面面俱到的.这就是我们以前曾经多次提到过的**"数学抽象思维的不完全性原理"**.事实上,古典哲学家 Hegel 分析 Zeno 有关运动的悖论时,就已经觉察到这一原理.

充分理解上述原理,就会使我们不至于盲目信任抽象思维的"无限威力",而会更自觉地注意运用广义实践检验理论的客观准则,当碰到涉及抽象概念的数学悖论时也不会惊惶失措.

6 关于大学数学教改的几点建议

联系本文所论述的一些问题和观点,我们认为对于大学数学教育与数学教学法改革的方向和方法,至少可以提出如下一些设想和建议:

(1)要提倡**"数学模式观"**的数学教育与教学.作为具体目标,要引导学生逐步掌握分析模式、应用模式、建立模式和鉴赏模式的思想方法.

(2)要在数学教学过程中,尽可能体现从具体到抽象、从特殊到一般、从归纳到演绎、从猜想到证明的认识发展过程.要利用各种机会培养学生的数学直觉能力和数学审美意识.

(3)在课堂上讲授重要定理或较为艰深的定理证明时,最好采用如下的程序方式:

猜想(联想、想象)→合情推理→初证→反驳→重证

这样就会使学生们感到定理及其证法像是他们自己发现的.这也有助

于培育学生们左脑思维、右脑思维并用的习惯.

(4)要通过讲解课、示范性习题课及充分设计好的课外作业,让学生们逐步学会运用"弱抽象方法"(**特征分离概括化法则**)和"强抽象方法"(**关系定性特征化法则**).特别地,在讲授某一数学分支中的一些重要的数学模式时,最好做一些抽象度分析以使学生们了解所论模式的深刻性程度、重要性程度及基本性程度.

(5)教师和学生们都要在不同的层次上研究、学习数学思想发展史.这有助于弄明白数学中的一系列创造性抽象概念思维和现实世界中的一些实际问题(关系结构问题)之间的相互关系.由此,可以获得数学研究方法上的启迪,并增强其科学研究能力.在大学里开设一系列"数学思想发展史"课程,应该是数学教育改革的内容之一.

(6)在大学的数学教学内容中,应有相当篇幅讨论各种数学悖论(逻辑悖论、集合论悖论、语义学悖论等),以使学生们充分认识到"数学抽象思维的不完全性原理",从而从理性上肯定数学理论思维成果经受广义实践检验的必要性.

无论中学阶段还是大学阶段,数学教育都具有双重功能:培育文化素质的功能和训练数学技术的功能.由于现代计算机技术的飞速发展和各门科学的数学化趋势,数学教育作为现代科学技术的重要组成部分已经得到普遍重视和发展.但是相形之下,数学教育作为培养人的优秀文化素质的有效手段,却远远没有受到普遍关注.这显然是今后数学教改中必须注意的一个重要问题.

略论数学真理及真理性程度①

文中对数学模式的真理性做了定量刻画,引进以平均抽象度 X_1、模式真理度 X_2、现实真理度 X_3 所成的三元组来规定的真理性指标,其中每个元均以量级表示.

本文最后提出数学模式的真理性之发展观点,并指明各项真理性指标有着相互制约的关系.本文还强调:如完全不考虑理论的现实意义,则纯理论思维具有脱离实际而导致谬误的某种必然性.

几十年前,英国的数学家兼哲学家 A. N. Whitehead 在美国哈佛大学以"数学与善"为题做了一次著名的讲演.讲稿后来经 Whitehead 本人选定,作为代表他"最终哲学观点"的两篇文章之一收进文集 *The Philosophy of Alfred North Whitehead*. 正如 Whitehead 在演讲中所指出的,"数学与善"是关于数学这一学科一般性质的哲学分析.因此,我们就可以由此出发来进行数学真理性问题的探讨.本文的主要目的是试图阐明这样一种观点:数学真理是具有层次结构的,它是可以从各个不同角度去进行分析的.进而还可以引进适当的"测度"去作为数学真理性程度的衡量标志或量性评估标准.

Whitehead 在哲学上是赞成 Plato 主义的.所以在"数学与善"中,他所论证的正是 Plato 所始终强调的一个思想,即认为数学对于"理想"的探求是具有重要意义的.我们知道,Plato 认为数学存在于先验的"理念世界"中.例如,在经验世界中我们是不可能找到绝对完美的圆形的.所有圆形的事物都可以说成是"圆"的概念的不完善的表现

---

① 这是作者与郑毓信合作的论文.原载:《自然辩证法研究》,1988,4(1):22-26.

· 72 ·

（摹写）.它们之所以表现为"圆形",正是因为先有了"圆"的概念（理念）.这样,通过类比,在一般的理念与经验事物之间所存在的关系就得到了具体的说明.而数学哲学作为其哲学思想（即客观唯心主义）的一个部分,在 Plato 那里则得到了早期的阐述.

当然,在经历了长达两千多年的发展以后,今天的数学哲学研究是不应当仍然停留在 Plato 的水平上的.因此,Whithead 就为自己提出了新的目标.他写道:"本文的目的是根据我们现代的知识来研究这个课题.思想的进步和语言的扩充,使得我们对于那些由 Plato 只能用模糊的语句和使人迷惑的神话所表达的思想,能比较容易地加以阐述了."（参见文献[5]）就数学和数学思维的性质而言,他的主要观点是:第一,数学是对模式（pattern）的研究;第二,数学思想是以实体存在为背景,对实体所进行的抽象.所以,在 Whitehead 看来,数学的本质特征也就可以概括地表述为:**"在从模式化的个体作抽象的过程中对模式进行研究"**.显而易见,他的这个论点实际上是从他和 Russell 合著《数学原理》的工作经验中总结出来的.

对于 Whitehead 所说的"实体（个体）"是应当做深入分析的.我们相信,Whitehead 在阐述上面的论点时,心目中必然已把 Peano 关于自然数的公理化定义和 Hilbert《几何学基础》中的形式公理化方法作为背景例证考虑进去了.我们知道,几何的形式公理化是 Euclid 的实体公理化更为高级的抽象.Whitehead 当然了解数学的抽象化过程经常是从低层次的抽象物过渡到高一级的抽象概念的.事实上,在他与 Russell 合著的《数学原理》中,许多概念都是多层次抽象思维的产物.所以,Whitehead 心目中的实体（或存在）显然包括他所理解的客观公认的数学概念或抽象实体.例如,自然数本身就是抽象实体（或个体）.因此,我们应当承认,Whitehead 的论点（或观点）是颇为深刻的.

事实上,按照反映论的观点,数学对象在本体论上具有双重性质:就其自身所表现的概念形式结构而言,数学对象并非客观世界中的真实存在,而只是创造性思维,亦即抽象思维的产物.然而,就其内容而言,数学对象则又具有明确的客观意义,即思维对于客观实在的能动的反映.因此,如果同意借用"模式"这个词来表述事物（**包括抽象物**）**关系结构的形式模型**的话,我们也就可以说,**数学在各个不同的抽象**

化水平上（即在各个抽象层次上），总是从业已模式化的个体出发，在进一步的抽象过程中对可能产生的模式进行研究．现代数学各分支的发展正好说明了这一情况．

由于 Whitehead 的主要目的在于阐明数学对于探求"理想"的意义，亦即数学与善的概念的联系，因此，他又着重论述了在数学的认识活动与数学知识及现实背景之间所存在的相互制约的关系．Whitehead 是从**有限**（有限的识别力、有限的知识）与**无限**（无限的宇宙）这一角度来分析的．一句话，他看到了人类知识的局限性和片面性．因此他认为任何时候，认识总是有待于进一步的深化和发展．换言之，认识和知识都是一种不断成长发展着的永不完结的过程．例如，通过对于代数发展历史的具体考察，Whitehead 曾指出，"代数科学的历史，是表达有限模式的技巧成长的故事"．当然，这些见解都是正确的．

Whitehead 还曾从十分广泛的意义上讨论了模式在人类生活中所占的重要地位．他指出："每一种艺术都奠基于模式的研究，社会组织的结合力也依赖于行为模式的保持，文明的进步也侥幸地依赖于这些行为模式的变更．"这样，由于"数学对于理解模式和分析模式之间的关系，是最强有力的技术"，所以，在 Whitehead 看来，关于数学与善的概念的联系，也就能由此得到更为清楚的说明．

现代一般抽象数学的真理性，就其直接表现形式而言，是一种"模式真理"（pattern truth），也就是一种由"关系结构的形式模型"所表现出来的真理．这里所说的真理主要是就客观真实性和实践性（或实际可应用性）而言的．"客观性"是真理性的一个必要条件．

对于通常所说的"量"的概念，不妨做广义的理解．大家知道，"量"和"质"是哲学的基本范畴．"量"的概念具有确切含义，而且又具有无限丰富的内容，它是随着人类实践的发展而不断发展和演变的．哲学上的"量"的概念正是我们可以借用的"广义的量"的概念，而我们所理解的数学模式概念则正可以看作是属于广义的量的范畴．如此说来，我们自然可以认为："**数学是研究广义的量（即模式结构形式）的学科**"．记得多年前，胡世华和关肇直的一篇讨论数学定义的文章中，也曾提出"数学是研究量的科学"的思想．这样，我们这里的说法就与其殊途同归了．

对于数学模式的客观性可以从两个不同的角度来进行考察：

第一，合理的数学模式应该是一种具有真实背景的抽象物，而且完成模式的抽象过程是遵循科学抽象的规律的（尽管这里所说的抽象未必一定是建立在原型之上的直接抽象，而也可以是较为间接的抽象或多层次的抽象），因此，我们必须首先肯定数学模式在内容上的客观性.

第二，数学模式是创造性思维的产物，但是一旦它们得到了明确的构造，就立即获得了相对独立性，从而人们就只能客观地对它们加以运用和研究. 这很像弈棋规则，只要规则既定，棋手们就必须严格遵循，而棋谱也就成为客观研究的对象. 这一数学模式的客观性可以叫作**"形式上的客观性"**. 此种客观性突出地表现在数学对象的逻辑定义上. 由于数学对象是借助于明确的定义（直接的定义或"隐定义"）并按照逻辑规则而得到构造的，因此模式一经构造出来，自然就具有形式上的客观性了.

基于上述两种不同的"客观性"的区分，我们便可引入两个不同的数学真理性概念，即**"模式真理性"**和**"现实真理性"**. 前者是相对于数学模式借助于逻辑定义而获得的稳定的关系结构而言的，后者则是指数学模式所具有的现实意义，即是指它们反映了真实世界中的某种关系形式或特征. 显然，按照这样的理解，数学的"模式真理性"并不等于"现实真理性". 而引进这一区分的必要性主要在于以下的事实：现代理论数学的研究对象已不仅是既定的（包括具有明显现实意义的）数学构造，而且还包括了各种理论上可能的数学构造，甚至是现实经验中还未能找到的构造.

最后，根据上面的分析，我们就应当说，数学真理是具有一定的层次结构的. 如果把逻辑合理性（诸如无矛盾性）也考虑在内的话，那么数学真理的层次结构应该是这样的：

第一层次——逻辑合理性；

第二层次——模式真理性；

第三层次——现实真理性.

一般说来，现代数学中出现的各种模式，只要避免了悖论，便都具有逻辑合理性，所以它们至少具有模式真理性. 这就是说，至少达到了第二层次的真理性. 当然, 大部分数学模式, 特别是"有限数学模式", 都包含有不同程度的现实真理性. 至于 Hilbert 所称之为"理想数学"的部分, 确有许多数学模式至今尚未发现具有任何现实真理性. 举例言之, 像 Cantor 的超穷基数序列(漫无止境地使用延伸、穷竭原则所引出的序列)

$$\aleph_\omega , \aleph_{\omega+1} , \cdots , \aleph_\Omega , \cdots$$

恐怕到任何时候也是无法找到具有现实真理性的具体原型的.

上面我们已经对数学的真理性问题做了宏观的考察. 现在我们希望利用先前已经建立起来的"数学抽象度"概念来对数学真理进行定量的刻画. 我们主要着眼于数学模式真理, 而模式真理离不开人脑抽象思维过程本性. 根据抽象度分析法可知: 弱抽象层次越高, 模式脱离现实原型越远, 而反映事物类的面越广. 反之, 强抽象层次越高, 切近事物本质越深, 而反映事物类的面越窄. 由此看来, 抽象度理应作为数学真理性指标中的因素之一. 如果一个数学模式是由一组抽象概念(简称"抽象元")所构成的, 那么可以取该组抽象元的**"平均抽象度"**(或者平均意义下的相对抽象度)作为数学真理性指标中的一项.

真理性指标的第二项就是**"模式真理度"**. 这是指一个数学理论(或概念)模式所达到的形式化高度和逻辑结构的完善化程度. 它也标志着理论模式不依赖于(独立于)直观经验的程度. 为方便计, 不妨就区分为大、中、小三种程度, 可以分别用 A、B、C 记之. 例如, 古埃及的"量地术"可以看成是"经验几何学", 其模式真理度为 C. 于是, Euclid 的实体公理化几何学的模式真理度可以定为 Hilbert 在《几何学基础》一书中所提出的"形式公理化几何学", 显然应具有最大的模式真理度 A. 按照同样的理由, 人们可以对 Newton、Leibniz 时代的微积分, Cauchy 时代的微积分和 Weierstrass 时代的微积分, 分别给予 C、B、A 三种不同的模式真理度.

真理性指标的第三项叫作**"现实真理度"**. 这种真理度可以按照模式所反映的原型类的大小来衡量. 但要注意, 弱抽象层次越高, 则相当于逻辑上的"外延"越大, 所以如果不计"内涵"的话, 就会导致模式所反映的原型类越大. 这样就会出现"现实真理度和弱抽象层次数成正比"的不合理结论. 事实上, 考虑"现实真理度"时, 必须把被反映的原型类中诸现实原型的某些内涵(内在特性)也考虑进去.所以,"现实真理度"应该由模式所反映的**具有若干重要特征的某个原型类**的大小来度量.所谓"重要特征",那是可以根据人们对现实原型特性的选择来确定的.

由上所论,可知数学模式所反映的具有种种特征的原型类在模式形成过程中既是弱抽象思维又是强抽象思维的出发点.所以,模式的"现实真理度"本质上是由两种抽象过程所决定的.

以上只是对"现实真理度"做了一点理论分析.事实上要测定现实真理度并非易事.看来最简单的办法就是通过实践去发现(或发掘)数学模式的应用实例(或现实原型).由于有些纯理想化的数学模式(诸如 Cantor 的超穷阶的超穷基数和超限序数等)都是多层次的弱抽象过程的产物,内涵便显得十分贫乏,以致在现实世界中难以找到应用实例和原型.在这种情形下,可以规定其现实真理度为零,不妨用空集记号 $\varnothing$ 表之.此外,也可仿照对待模式真理度的区分办法,把现实真理度的大、中、小依次记以 A、B、C.除非人们发现了更为精细的区分法,不然,用 A、B、C、$\varnothing$ 来标记现实真理度看来也足够了.

综上所述,我们可以把一个数学模式 X 的真理性指标定义为如下的三元组:

真理$(X):=\langle$平均抽象度 X_1,模式真理度 X_2,现实真理度 $X_3\rangle$

或者简记为

$$\text{Truth}(X)=\langle X_1,X_2,X_3\rangle$$

其中,X_1 取正整数值,X_2 可取值 A、B、C,而 X_3 可取值 A、B、C、$\varnothing$.这样,对每一个理论数学模式 X 都可以用 $\langle X_1,X_2,X_3\rangle$ 来对它的真理性程度做出一种定量刻画了.

现在可以明确地提出"**数学模式的真理性是发展着的**"的观点.对此不难利用上面所引进的真理性指标清楚地予以说明.例如,随着数学理论形式化程度的提高(诸如由实质的公理系统发展到抽象的形式化公理系统),理论的模式真理度 X_2 也就会增大.另外,由于现实原型类可能随着实践的发展而不断发现、不断拓广,相应的现实真理度 X_3 也就随之发生变化.例如,就复数 $a+b\sqrt{-1}$ 而言,在 Tartaglia-Cardano 时代,其现实真理度应当说是 $\varnothing$,在 Euler 时代可以说成是 C

或 B,而在现代则应该说是 A.

我们已经知道,数学真理具有一种层次结构.因此,上面所规定的各项"真理性指标"就不应当被看成是彼此独立的,而应看到在它们之间存在着一定的相互制约关系.例如,现实真理度在各项真理性指标中就是最为重要的,而事实上这也就是如下的研究原则的直接反映,即在数学研究工作中我们应十分注意理论的现实意义,并应防止纯形式的研究倾向.这一早已存在的错误倾向甚至在 Bourbaki 学派的代表人物 J. Dieudonné 那里也受到了批评.

事实上,纯理论思维容易不自觉地超脱实际的倾向也具有某种必然性.这一点可以利用**"关于抽象思维的不完全性原理"**来做出进一步说明.

人脑反映机制的本能就是对事物存在关系形式的映象加以"分解或综合(概括)".这就决定了抽象思维往往是对实际存在的诸环节实行了不可分离的分离,一方面抓住某本质,视之为特征,概括为普遍属性,形成为概念,并以此作为精确逻辑思维的出发点;另一方面彻底捐弃其他环节,使这些环节不再出现在往后的形式推理内容中.如此继续进行,最终便会导致思维结果脱离实际.

总之,以上说明抽象思维在本质上是单相的、僵化的、静止的,因此,它对于双相的(辩证的)、生动的、变化的、相互渗透的实在关系的反映就不可能是完全的、精确的.从而,如果我们完全不考虑理论的现实意义,而只是一味地由概念去引出新概念,在抽象之上进行再抽象,最终就很可能因完全脱离实际而走向荒谬.显然,这正是一些数学悖论(包括 Banach-Tarski 的"怪球悖论"等)之所以产生的根本原因.另外,这也是 Whitehead 所谓的"强烈的恶".从而,在这样的意义上,我们便与 Whitehead 所得出的最终结论相一致.但是,两者的不同在于:我们的结论的得出是运用反映论观点去进行分析的直接结果.

本文论点难免有不尽正确,甚至谬误之处,希望海内外哲学界人士给予指正.

参考文献

[1] 徐利治,张鸿庆.数学抽象度概念与抽象度分析法[J].数学研究

与评论,1985,5(2):133-140.

[2] 徐利治.数学方法论选讲[M].武汉:华中工学院出版社,1983.

[3] 夏基松,郑毓信.西方数学哲学[M].北京:人民出版社,1986.

[4] 郑毓信.悖论的实质及其认识论涵义的分析[J].社会科学战线,1986(2):71-78.

[5] 怀特海 A N.数学与善[C]//林夏水.数学哲学译文集.北京:知识出版社,1986.

简论数学公理化方法[①]

1 公理化方法的意义和作用

公理化方法在近代数学的发展中起过巨大的作用,可以说,它对各门现代数学都有极其深刻的影响.即使在数学教学中,公理化方法也是一个十分重要的方法.

所谓**公理化方法**(或公理方法),就是从尽可能少的无定义的原始概念(基本概念)和一组不证自明的命题(基本公理)出发,利用纯逻辑推理法则,把一门数学理论构造成为演绎系统的一种方法.所谓基本概念和公理,当然必须反映数学实体对象的最单纯的本质和客观关系,而并非人们自由意志的随意创造.

众所周知,Hilbert 1899 年出版的《几何学基础》一书是近代数学公理化的典范著作.该书在问世后的二三十年间曾引起西方数学界的一阵公理热,足见其影响之大.Hilbert 的几何公理系统实际上是在前人的一系列工作成果基础上总结出来的,书中的公理条目也曾屡经修改.直到 1930 年出第七版时,还做了最后修改.这说明一门学科的公理化未必是一次完成的,公理化过程是可以包含着一些发展阶段的.

谈到数学公理化的作用,至少可以举出如下四点:

(1)这种方法具有分析、总结数学知识的作用.凡取得了公理化结构形式的数学,由于定理与命题均已按逻辑演绎关系串联起来,故使用起来也较方便.

---

①本文摘编自作者的专著《数学方法论选讲》,华中工学院出版社,1983.

（2）公理化方法把一门数学的基础分析得清清楚楚,这就有利于比较各门数学的实质性异同,并能促使和推动新理论的创立.

（3）数学公理化方法在科学方法论上有示范作用.这种方法对现代理论力学及各门自然科学理论的表述方法都起到了积极的借鉴作用.例如,20 世纪 40 年代波兰的 Banach 曾完成了理论力学的公理化,而物理学家亦把相对论表述为公理化形式……

（4）公理化方法所显示的形式的简洁性、条理性和结构的和谐性确实符合美学上的要求,因而为数学活动中贯彻审美原则提供了范例.

2　公理化方法发展简史

公理化方法的历史发展,大致可分成三个阶段:

（一）公理化方法的产生阶段

大约在公元前 3 世纪,希腊的哲学家和逻辑学家 Aristotle 总结了古代积累起来的逻辑知识,以演绎证明的科学（主要是数学）为实例,把完全三段论作为公理,由此推导出别的所有三段论法（共分了 19 个格式）.因此,可以认为 Aristotle 在历史上提出了第一个成文的公理系统.

Aristotle 的思想方法深深影响了公元前 3 世纪的希腊数学家 Euclid,后者把形式逻辑的公理演绎方法应用于几何学,从而完成了数学史上的重要著作《几何原本》.Euclid 从古代的量地术和关于几何形体的原始直观出发,用抽象分析方法提炼出一系列基本概念和公理.他概括出 14 个基本命题,其中有 5 个公设和 9 条公理.由此出发,他运用演绎方法将当时所知几何学知识全部推导出来.这是古代数学公理化方法的一个辉煌成就.

《几何原本》的问世标志着数学领域中公理化方法的诞生.它的贡献不限于发现了几条新定理,而主要在于它把几何学知识按公理系统的方式妥帖安排,使得反映各项几何事实的公理和定理都能用论证串联起来,组成了一个井井有条的有机整体.

（二）公理化方法的完善阶段

众所周知,Euclid 几何的公理系统是不够完善的.其主要的不足之处可以概括为：

（1）有些定义是不自足的，亦即往往使用一些未加定义的概念去对别的概念下定义；

（2）有些定义是多余的，略去它毫不影响往后的演绎和展开；

（3）有些定理的证明过程往往依赖于图形的直观.

事实上，《几何原本》的不足之处早已为古代学者所觉察，例如，Archimedes 为严格表述有关长度、面积和体积的测量理论，就曾对 Euclid 几何公理系统做过必要的扩充，人所共知的 Archimedes 公理（任给正数 a 和 b，$a<b$，存在 n，使得 $na>b$）便是其中一例. 可以说，自从 Archimedes 以后，人们一直在努力完善《几何原本》的陈述.

另一方面，由于第五公设（即平行线公理）在陈述与内容上的复杂和累赘，古代学者们早就怀疑：第五公设是不是多余的？它能否从其他公设、公理逻辑地推导出来？而且进一步认为，Euclid 之所以把它当作公设，只是因为他未能获得这一命题的证明. 因而，学者们纷纷致力于证明第五公设. 但是所有试证第五公设的努力均归于失败. 从这些失败之中引出的正面结果便是一串与第五公设相等价的命题被发现.

据说在 Euclid 以后的两千多年间，几乎难以发现一个没有试证过第五公设的大数学家，其中特别著名的可以提到 Legendre、Saccheri 和 Lambert. 不妨把他们处理第五公设问题的思想方法做一简略的介绍.

如图 1 所示，Lambert 从讨论四角形 $ABCD$ 出发，在这个四角形中，有三个内角被假定为直角 d，我们把余下的那个没有假定为直角的内角叫作 Lambert 角，并记为 L_a^l.

图 1

如图 2 所示，Saccheri 从讨论四角形 $AA'B'B$ 出发，在这四角形中，假定 $AA'=BB'$，而夹着 AB 边的两个内角都是直角 d，由图形的对称性易知该四角形的另外两个内角是相等的，人们称之为 Saccheri

角,并记为 S_a^L.

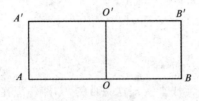

图 2

Legendre 则从讨论三角形内角和 $\Sigma(\triangle)$ 入手.

对于 $\Sigma(\triangle)$ 而言,显然有且仅有

$$\Sigma(\triangle) > 2d$$

$$\Sigma(\triangle) = 2d$$

$$\Sigma(\triangle) < 2d$$

三种可能. 同样,对于 S_a^L 来说,也有且仅有

$$S_a^L < d$$

$$S_a^L = d$$

$$S_a^L > d$$

三种可能. 而对于 L_a^L 也是一样,存在

$$L_a^L < d$$

$$L_a^L = d$$

$$L_a^L > d$$

三种情形.

他们分别证得了当设

$$\Sigma(\triangle) > 2d$$

$$S_a^L > d$$

$$L_a^L > d$$

时必然导致矛盾.

又分别证得了

$$\Sigma(\triangle) = 2d$$

$$S_a^L = d$$

$$L_a^L = d$$

均与第五公设等价.

于是,一旦能不以第五公设为基础而否定

$$\Sigma(\triangle)<2d$$
$$S_a^L<d$$
$$L_a^L<d$$

之一为真,第五公设便获证.

他们都想用反证法来实现这一目的,亦即各想在
$$\Sigma(\triangle)<2d$$
$$S_a^L<d$$
$$L_a^L<d$$

的假定下导致矛盾.但是,他们除了成批地获得那些不合常情的定理(实质上就是属于非欧几何的定理)外,始终未能引出矛盾来.

基于两千多年来在证明第五公设的征途上屡遭失败的教训,19世纪初俄国年轻数学家罗巴切夫斯基产生了与前人完全不同的信念:首先,认为第五公设不能以其余的几何公理作为定理来证明.其次,除了第五公设在其中成立的 Euclid 几何之外,还可以有第五公设不成立的新几何系统存在.于是,他在剔除第五公设而保留 Euclid 几何其余公理的前提下引进了一个相反于第五公设的公理:"过平面上一已知直线外的一点至少可以引两条直线与该已知直线平行".这样,罗巴切夫斯基在与前人完全不同的思想方法基础上构造了一个新的几何系统,它与 Euclid 几何系统相并列.后来,人们又证明了这两个部分地互相矛盾的几何系统竟是相对相容的(参阅本文第 5 节),亦即假定其中之一无矛盾,则另一个必定无矛盾.如此,只要这两个系统是无矛盾的,第五公设与 Euclid 系统的其余公理就必定独立无关.现在人们就用罗巴切夫斯基的名字为这一新几何命名,并把一切不同于 Euclid 几何公理系统的几何系统统称为非欧几何.应当指出,独立地发现这个新系统的还有大数学家 Gauss 和匈牙利青年大学生 J. Bolyai.但是 Gauss 由于害怕学术界顽固守旧势力的攻击而始终不敢公开发表他的结果.

非欧几何学中的一系列命题都和人们的朴素直观不相符,这是它在开创阶段遭受人们冷嘲热讽的重要原因.但是,这种背离直观的几何学在逻辑系统内没有矛盾,演绎论证的严格性也是无懈可击的.事实上,非欧几何给人们开拓了"空间"的概念(如大家所知,非欧几何的

重要分支"Riemann 几何"在 Einstein 1915 年创立广义相对论后,已得到了证实和应用).非欧几何的产生,不仅为公理化方法进一步奠定了基础,而且为公理化方法可以推广和建立新的数学理论提供了依据.

非欧几何的创立大大地提高了公理化方法的信誉.接着便有许多数学家致力于公理化方法的研究.例如,1871~1872 年德国数学家 Cantor 与 Dedekind 不约而同地拟成了连续性公理.德国数学家 Pasch 在 1882 年拟成了顺序公理.正是在这样的基础上,Hilbert 于 1899 年发表了《几何学基础》一书,终于解决了 Euclid 几何的缺陷问题,完善了几何学的公理化方法.此书也就成为近代公理化思想的代表作.

(三)公理化方法的形式化阶段

Euclid《几何原本》所表现的公理化可称之为"实体公理化",因为在这样的公理系统中,概念直接反映着数学实体的性质,而且那些概念、定义、公理和论证的表述往往束缚于直觉观念的指导.但在 Hilbert 于其《几何学基础》一书中对 Euclid 系统加以完善化以后,不仅在公理的表述或定理的论证中摆脱了空间观念的直觉成分,而且提供和奠定了对一系列几何对象及其关系进行更高一级抽象的可能性和基础.就是说,人们可以在高度抽象的意义下建立公理系统,只要能满足系统中诸公理的要求,就可以使得该公理系统所设计的对象是任何事物,并且在公理中表述事物或对象之间的关系时,也可以具有其具体意义的任意性.这样,自从《几何学基础》问世之后,不仅公理化方法进入数学的其他各个分支,而且把公理化方法本身推向了形式化阶段.

公理化方法形式化之所以后来能取得成功,在很大程度上得益于 Cantor 所创始的抽象集合论.如果没有集合论思想方法和数理逻辑学的近代发展,形式公理化方法也不可能获得新的进展.众所周知,Hilbert 后来从事"元数学"即"证明论"的研究,又把公理化方法推向一个新的阶段,即纯形式化阶段.其基本思想就是采用符号语言把一个数学理论的全部命题变成公式的集合,然后证明这个公式的集合是无矛盾的.详言之,在这个集合中凡定义、公理及定理均写成公式的形式,而定理的证明步骤也无非是一串符号公式所作成的系列,系列中的最后一式即所要证明的结论.形式化公理方法不仅推动了数学基础研究,而且还推动了现代算法论研究,从而为数学应用于电子计算机等现代科学技术开辟了新的前景.

3 公理化方法的基本内容

如前所述,数学公理化的目的就是要把一门数学表述为一个演绎系统.这个系统的出发点就是一组基本概念和公理.因此,如何引进基本概念并确立一组公理便成为运用公理化方法的关键,亦即这种方法的基本内容.

既然基本概念是不加定义的概念,它们就必须是真正基本而无法用更原始、更简单的概念去界定的概念.换言之,基本概念应该是最原始、最简单的思想规定,它们必须是对数学实体的高度纯化的抽象.当基本概念确定以后,重要的问题是如何设置公理的问题.

公理是对诸基本概念(诸如基本元素、基本关系等)相互关系的规定.这些规定必须是必要的、合理的.详细说来,公理的选取必须符合三条要求:一是**协调性**要求.协调性又称无矛盾性或相容性.这一要求是指在公理系统内,不允许同时能证明某一定理及其否定理.反之,如果能从该公理系统导出命题 A 及其否命题"非 A"(记为 $\neg A$),则 A 与 $\neg A$ 的并存便称之为矛盾.因此,无矛盾性要求是对公理系统的一个基本要求.二是**独立性**要求.这就是要求公理的数目减少到最低限度,不容许公理集合中出现多余的公理.因为多余的公理总可作为定理推证出来,又何必再把它列为公理呢? 三是**完备性**要求.这就是要确保从公理系统能够导出所论数学某分支的全部命题.因此,必要的公理不能省略,否则将得不到由它所能推得的结果.

一般说来,当一个公理系统满足上述三条要求时,即可认为是令人满意的系统了.但针对一个较复杂的公理系统要逐一验证三条要求,却并不是轻而易举的事,甚至至今不能彻底实现.例如,后面我们所要讨论的几何学公理系统,至今还只能在相对相容的意义下来论证它的无矛盾性.

4 重要例子——几何学公理化方法

前面已经说过,人类从事几何学公理化工作,经历的年代最久,费去的精力最多,而获得的成果也最具有典型性,其影响自然也最深远.因此,这里专门来介绍一下几何学公理化的主要内容是很有意义的.

Hilbert 在所著《几何学基础》中引进的基本概念包括基本元素和基本关系,引进的基本公理共分 5 组 20 条,即如下图所示.

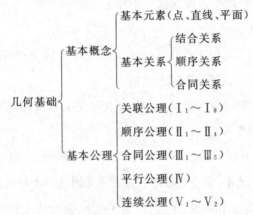

这里的关键在于基本概念和公理的选取.对它们虽然不加定义和证明,但其选取并不是任意的.因为几何学的对象实体毕竟来源于现实世界,所以几何学的基本概念和公理必须符合客观实际.否则任凭主观随意创造,搞出来的"几何"就没有意义了.(当然,非欧几何的意义不同,又当别论)

Hilbert《几何学基础》中的 5 组公理都是以几何实体为背景抽象概括出来的,所以显然是符合客观实际的.今将该书中的 5 组公理逐一介绍如下(注意,其中点、线、面等都是无定义的抽象代名词):

关联公理

I_1:对于任意的两个点 A、B,存在着直线 a,通过 A 点和 B 点.

I_2:对于任意两个不同的点 A、B,至多存在一条通过它们的直线.

I_3:在每一条直线上至少有两个点;至少存在着三个点不在同一条直线上.

I_4:对于任意三个不在一条直线上的点 A、B、C,存在着通过每个点的平面 α;任意一个平面上至少有一个点.

I_5:对于任意三个不在一条直线上的点 A、B、C,至多有一个通过每个点的平面 α.

I_6:如果直线 a 的两个点 A、B 在平面 α 上,那么直线 a 的任何一个点都在平面 α 上.

I_7:如果有两平面 α,β 有一公共点 A,则它们至少还有另一个公共点 B.

I_8:至少有四个点不在同一平面上.

顺序公理

II_1:若一点 B 位于点 A 与点 C 之间,则 A、B、C 为一直线上三个不同的点,且 B 也位于 C 与 A 之间.

II_2:对任意的两个点 A、B,在直线 AB 上至少存在着一个点 C,使得点 B 介于点 A 与点 C 之间.

II_3:同一直线上的任意三点中,至多有一点位于其他两点之间.

(注意:公理 II_2 和 II_3 隐含了直线的无限性.)

II_4(Pasch 公理):设 A、B、C 是不在一条直线上的三个点,a 是 A、B、C 三个点所决定的平面上的一条直线,并且不通过三点中任意一个.如果直线 a 通过线段 AB 的一个内点,则直线 a 一定要通过线段 AC 的内点,或者是线段 BC 的内点.

合同公理

III_1:如果 A、B 为一直线 a 上的两个点,A' 为同一条或另一直线 a' 上的一个点,那么在直线 a' 上点 A' 的一侧,总有一点 B',使线段 AB 合同于线段 $A'B'$,记作 $AB \equiv A'B'$.

III_2:若线段 $A'B'$ 和 $A''B''$ 都与线段 AB 合同,则 $A'B' \equiv A''B''$.

III_3:设 AB 和 BC 是直线 a 上的两个线段,没有公共内点;$A'B'$ 和 $B'C'$ 是同一条或另一条直线 a' 上的两个线段,也没有公共内点.如果 $AB \equiv A'B'$,$BC \equiv B'C'$,那么 $AC \equiv A'C'$.

(注意:III_2 与 III_3 把 Euclid 几何中原来泛指的等量公理进一步精确化了.)

III_4:如果在平面 α 上给了一个角 $\angle(h,k)$,在同一个或另一个平面 α' 上给了直线 a',并且在平面 α' 上,给出直线 a' 的一侧,设 h' 是直线 a' 上的一条射线,那么在平面 α' 上存在唯一的一条射线 k',使得

$\angle(h,k)$ 合同于 $\angle(h',k')$，而且 $\angle(h',k')$ 的内点都在 a' 的已知一侧．各个角均与其自身合同．

III_5：设 A、B、C 是不在同一直线上的三点，A'、B'、C' 也是不在同一直线上的三点，如果有 $AB \equiv A'B'$，$AC \equiv A'C'$，且 $\angle BAC \equiv \angle B'A'C'$，那么 $ABC \equiv \angle A'B'C'$，$\angle ACB \equiv \angle A'C'B'$．

平行公理

令 a 为一直线而点 A 不在 a 上．则在 a 与 A 确定的平面上只有一直线通过 A 而与 a 不相交．

（注意：平面上至少有一直线过 A 而与 a 不相交的结论可利用其他公理推证出来，故不必列为公理．）

连续公理

V_1（Archimedes 公理）：对于任意两个线段 AB 和 CD，在直线 AB 上存在有限个点 $A_1, A_2, \cdots, A_n$，使线段 $AA_1, A_1A_2, \cdots, A_{n-1}A_n$ 都合同于线段 CD，而点 B 在 A_1 与 A_n 之间．

（注意：实际可使 B 位于 A_{n-1} 和 A_n 之间．又因 CD 是任意的，且 $A_{n-1}A_n \equiv CD$，故即表明 A_{n-1} 与 A_n 可与 B 任意靠近，由此推论，存在点列 $\{A_n\}$，使得 $A_n \to B$．）

V_2（线性完备性公理）：满足公理 I_1、I_2、V_1 及顺序公理、合同公理的直线上的一切点构成的点集不可能再扩大．

（注意：这条公理保证了直线上的一切点可以和实数一一对应起来，有时称之为 Cantor 公理．）

Hilbert 曾根据上述 5 组公理导出了 Euclid 几何的若干基本定理．后来人们继续演绎推导，直至证得 Euclid《几何原本》中的所有定理．值得一提的是，Hilbert 关于 Euclid 几何公理系统的陈述已经免除了 Euclid《几何原本》中的不足之处．

5　关于公理系统的相容性、独立性、完备性问题

通常把由一组原始概念和公理所刻画的数学理论称为一个数学系统．而一个数学系统的相容性问题就是指刻画它的那个公理系统的相容性问题．

关于"相容性证明"这一概念的产生和历史发展的背景是这样的，

自从"罗氏几何"诞生后,由于罗氏平行公理是如此地为常识所不容,这才激起了人们对于数学系统的无矛盾性证明的兴趣和重视.虽然在罗氏公理系统的展开中一直没有出现矛盾.却不能保证它在今后的展开中一定不出矛盾.后来,Poincaré 在 Euclid 系统中构造了一个罗氏几何的模型,亦即在 Euclid 平面上划一条直线 a 而使之分为上、下两个半平面,把不包括这条直线在内的上半平面作为罗氏平面,其上的 Euclid 点当作罗氏几何的点,把以该直线上任一点为中心,任意长为半径所作出之半圆周算作是罗氏几何的直线,然后对如此规定了的罗氏几何元素——验证罗氏几何诸公理成立.在这里,我们朴素地来说明罗氏平行公理是成立的.

如图 3 所示,过罗氏平面上任一罗氏直线 l 外的一点 P,确实可以作出两条罗氏直线与 l 平行.这里要注意的一点是,Euclid 直线 a 上的点不是罗氏系统的几何元素,故两个半圆相交于直线 a 上某一点则视为相交于无穷远点,而它们在有穷范围内永不相交.这样一来,如果罗氏系统在今后的展开中出现了正、反两个互相矛盾的命题,则只要按如上规定之几何元素间的对应名称进行翻译,即立刻成为互相矛盾的两个 Euclid 几何定理.从而 Euclid 系统就自相矛盾了.因此,只要承认 Euclid 系统是无矛盾的,那么罗氏系统一定也是相容的.这就把罗氏系统的相容性证明通过上述 Poincaré 模型化归为 Euclid 系统的相容性证明.如此把一个公理系统的相容性证明化归为另一个看上去比较可靠的公理系统的相容性证明,或者说依靠某一个数学系统的无矛盾性来保证另一个数学系统的协调性叫作数学系统的相对相容性证明.本来,人们并不怀疑 Euclid 系统的相容性,但现在却因罗氏系统的相容性要由 Euclid 系统的相容性来保证,而使人对于 Euclid

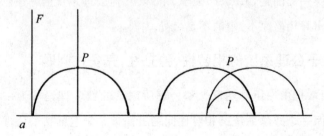

图 3

系统的相容性疑虑重重. 人们还在罗氏系统的展开中发现, 罗氏几何空间中的极限球面上也可构造 Euclid 模型, 亦即 Euclid 几何的全部公理能在罗氏的极限球上实现. 这样, Euclid 几何的相容性又可由罗氏几何的相容性来保证. 这说明 Euclid 几何与罗氏几何的公理系统虽然不同, 但却是相对相容或互为相容的. 人们当然不满足于两者互相之间的相对相容性证明, 因为看上去较为合理的 Euclid 系统的相容性竟要由看上去很不合理的罗氏系统的相容性来保证, 这是难以令人满意的. 因此, 必须重新寻求 Euclid 系统的相容性证明. 由于那时已经有了解析几何, 等于在实数系统中构造了一个 Euclid 几何的模型. 这就把 Euclid 系统的相容性进一步归结到了实数论的相容性. 但实数论的相容性如何? 这样的归结和提问永远不会完结. Dedekind 把实数论的无矛盾性归结到了自然数系统的相容性, 而 Frege 又把自然数系统的相容性归结为集合论的无矛盾性. 然而, 集合论的无矛盾性又如何? 至今还是个谜, 以致公理系统的这种相对相容性证明至今还是一场空. Hilbert 早就指出: 不能依靠相对相容性证明来解决问题, 而应该搞直接的相容性证明. (我们将在另文中做进一步讨论)

固然, 从纯逻辑观点看, Hilbert 的几何公理系统尚未彻底解决协调性问题, 但只要明确引入自然数无矛盾的基本假设作为公设, 该公理系统在相对意义下的无矛盾性就有保证了.

人们在理性思维上总是习惯于希望通过逻辑推理证明一切. 岂知某些具有"无限性"飞跃结构的概念系统往往越出有限步逻辑推理判断的范围之外. 因此, 如果懂得点概念思维的辩证法, 也就能够较自觉地去识别并避免徒劳无功的尝试了.

最后, 值得说明一下, 正因为 Hilbert 几何公理系统中的点、线、面、位于、通过等都无非是一批抽象元素及其关系的代称, 因此对它们可以赋以各种各样的具体解释. 如果把它们解释作古典 Euclid 几何 (平面几何与立体几何) 中的对象, 则得到二维及三维 Euclid 几何. 特别, 如果我们把公理中的点与直线分别反过来解释成普通 Euclid 几何中的直线与点, 便可得出原定理的对偶定理. 正因为公理中的点与线皆为抽象元素, 故在名词上互易其位亦无不可. 所以, 就有一般形式的**对偶原理**: 在任何一条涉及点、线关系的平面几何定理中, 如将点、

线位置互换,则所得命题仍成立.(后一命题即称为前一定理的对偶命题)

上述对偶原理很有用,它可以帮助我们在几何证题上一举两得.例如,当我们证明了著名的 Pascal 圆内接六边形定理后,也就立即可得 Brianchon 的圆外切六边形定理.

从对偶原理的导出,已使我们看出抽象化的公理系统确实概括了较丰富的内容.

关于公理系统的独立性要求,我们仍以 Euclid 与罗氏两个几何公理系统为例,在相对相容意义下略加讨论.如前所述,在 Euclid 与罗氏两个几何公理系统中除了 Euclid 平行公设与罗氏平行公理互为相反之外,其余的公设、公理和原始概念均相同.人们通常把两个公理系统的公共部分称为绝对几何公理系统.因之,Euclid 平行公设在 Euclid 几何公理系统中是否独立于其他公理,无非是指 Euclid 平行公设能否在绝对几何公理系统中作为定理而证明之.而只要罗氏几何公理系统是无矛盾的,就确保了 Euclid 平行公设对于绝对几何公理系统的独立性.否则,若能在绝对几何公理系统中把 Euclid 平行公设作为定理来证明的话,则罗氏几何公理系统便是矛盾系统了,因为此时 Euclid 平行公设和它的否命题(罗氏平行公理)在系统中同时成立.完全类似地,Euclid 几何公理系统的无矛盾性也能确保罗氏平行公理对于系统中其他公理在逻辑上的独立无关性.因此,一般说来,要证明某一公理系统 Σ 中某一公理对系统中其他公理在逻辑上的独立性,只要构造并证明公理系统 $\Sigma' = (\Sigma - A) + \neg A$ 是无矛盾的即可.

关于公理系统的完备性要求,不妨参考 H. B. Ефимов 著,裴光明译,商务印书馆 1953 年版《高等几何学》上册.现将对于 Hilbert 公理系统的完备性的描述和理解介绍如下.

先让我们引进同一个公理系统的不同模型之间的同构概念.假设 Σ 为某一个已知的公理系统,而 Σ 在两个不同的对象集合 S 和 S' 上分别构造了两个模型 Σs 和 $\Sigma s'$.如果在这两个模型的对象间可以建立这样的一一对应,使得对应元素有同样的相互关系,则称 Σs 和 $\Sigma s'$ 同构.若以几何模型做解说,则所谓有同样的相互关系,即如:当 Σs 的点 A 和直线 a 对应于 $\Sigma s'$ 的点 A' 和直线 a' 时,若在 Σs 中 A 落在 a 上,则

在 $\Sigma s'$ 中必有 A' 落在 a' 上……

若把 Hilbert 提出的 Euclid 几何公理系统之第一组公理中的 I_1, I_2, I_3 作为一个独立的公理系统,记为 Σ. 把某一三角形的 3 个顶点叫作点,3 条边叫作直线,则我们就有了一个共有 6 个对象作为元素的集合 σ,这个三角形正是 Σ 在 σ 上的一个模型,记为 M. 容易验证 I_1, I_2, I_3 3 条公理的要求在这里得到满足. 例如公理 I_1 要求过任何两点 A 和 B 有一条直线 a,而此处对于三角形的任何两个顶点都有一条边连接它们.

我们在 Σ 中加入新的公理,扩大到 $I_1 \sim I_3$,把它作为一个独立的公理系统,记为 Σ_1. 今把一个四面体的 4 个顶点叫作点,6 条棱叫作直线,4 个面叫作平面,如此得到 4 个点、6 条直线、4 个平面共有 14 个对象作为元素的集合 σ_1. 容易验证,此四面体模型 M_1 可使公理 $I_1 \sim I_8$ 一一得到满足.

再对 Σ_1 加入新的公理,直至扩大为 Euclid 几何全部公理所构成的系统 Σ_2. 我们可以通过解析几何在实数集 σ_2 上构造出 Euclid 几何的模型 M_2.

须知 M_1 和 M_2 也可视为 Σ 在 σ_1 和 σ_2 上的模型. 因为 Σ 的公理 I_1、I_2、I_3 显然在 M_1 和 M_2 上得到满足. 至于同时还有别的公理也成立这一事实,我们可以不问. 于是,此处所构造出的 Σ 的 3 个模型 M、M_1、M_2 显然都是互不同构的. 因为在这 3 个模型之中的任何两个,连一般的一一对应也不存在,更谈不上在对应的元素间保有相同的关系了.

从上面的讨论中可以看到,一个公理系统中的公理愈少,则选取它的模型的自由度就愈大. 就是说,当我们不断地把一个公理系统扩大(当然要求加入的新公理对于原有的公理来说保有独立性和无矛盾性)的时候,能成为公理系统的模型的种类就不断地减少. 基于这样的讨论,我们可以把一个公理系统的完备性概念确切地叙述为:如果已知的公理系统的所有模型都是相互同构的,则称该系统为完备的.

基于以上的完备性概念的讨论,可以验证 Hilbert 所提出的 Euclid 几何公理系统是一个完备的公理系统,因为它的任何一个模型都与该公理系统的 Descartes 模型(即通过解析几何在实数域上构造出来的模型)是同构的,因而这些模型相互之间也是同构的.

6 略谈自然科学中的公理化方法

下面摘引袁相碗先生《公理方法及其作用》一文(载于:《南京大学学报(自然科学版)》,1980(2))中的一段分析以供参考.

公理方法,特别是它所含有的逻辑思维对于自然科学的具体研究工作有着重要的作用.这可由下面的流程图表示:

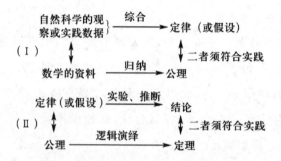

(Ⅰ)是由"果"到"因".这对自然科学是重要的.例如,天文学家Tycho勤于观察,得到了有关五大行星运行的大量数据,但他缺乏公理推导的训练,对所得的大量观察材料无法进行综合分析.而 Kepler运用数学的公理推导的方法,经过精心计算,归结出著名的行星三大运动定律.后来,Newton 更进一步运用公理推导的方法,提出"万有引力论",并由这个学说逐一导出了 Kepler 的三大定律,从而使天文学和物理学又前进了一大步.试想,如果没有公理方法把杂乱无章的数据追溯到几条简单的基本规律,而单凭肉眼观察,谁看见过行星的运行轨道?谁看见过行星运行过程中所扫过的面积?谁又看见过两物体之间互相吸引的引力?再者,如果没有公理推导能力,谁能断言Tycho 所积累的观测数据恰恰可用 Kepler 三大定律来说明?而三大定律又恰恰可由 Newton 的万有引力定律来导出?

(Ⅱ)是由"因"到"果".这在自然科学的研究中也是常见的.在自然科学史上,往往采用公理方法,从基本假说或少数定律出发,进行理论推导,看看会推出哪些尚未观测到的或尚未发现过的现象,然后再用实验去验证.例如,人们曾根据 Einstein 的广义相对论,推测有黑洞和引力波存在.人们在探索过程中,根据这些推测解释了许多天文学上原先无法解释的现象.可见,应用公理方法还可做出科学预见并澄清疑难.但是必须强调,在自然科学研究中应用公理方法时必须和实验观察互相配合,互相参照,相互促进.否则就难有成效,甚至会导致荒谬.

最后,我们再按照反映论的观点为实体公理化的作用补充说几句.一般说来,形式公理化较之实体公理化而言是一种更高层次的科学抽象形式.一方面这种抽象形式能够更深刻、更突出地反映事物的某些本质,但另一方面这种抽象过程又必然扬弃掉事物客体的种种次要环节,因此最后反倒不能较细致逼真地描绘出事物内在本质中相互联结在一起的诸环节.就这一点来说,实体公理化却比形式公理化更加贴近实体对象的本性和体貌.所以在自然科学领域中,如果片面地追求纯粹的形式公理化而放弃实体公理化,则对表述和反映科学真理内容反倒会形成片面性,因而未必是很明智的做法.其实,即使对于包含着种种无限过程的数学理论体系而言,要按 Hilbert 证明论的方案来实现彻底的形式公理化,也已包含着不可克服的困难.而改用实体公理化,反而更有利于反映一个分支中的数学科学的真理全貌.总之,实体公理化仍不失为一种有用的科学分析方法,它的功效和作用是不能由形式公理化方法所替代的.

数学直觉层次性初探[①]

关于数学直觉在数学创造性思维活动中的意义和作用,学术界已有许多讨论.然而涉及数学直觉内部的结构的探索,至今还是不够深入的.数学直觉对于许多人来说仍具有一种笼统的神秘感,这种状况影响着人们对于数学直觉的掌握和运用.本文试图深入到数学直觉内部,揭示其层次性特点,作为进一步探讨数学直觉内部结构和规律性的开端.文中可能有些不成熟的见解,请学术界同行批评指正.

1 数学直觉层次性的含义及成因

直觉一词是外来语,来源于日语"直觉",是对"intuition"的意译,指未经充分逻辑推理和研究的直观,它是以已经获得的知识和累积的经验为依据的."直觉"在不同的场合可做多种意义的理解.有时它指感性直观,即可见的,靠感官可直接把握的东西.有时它指非逻辑的,直接领悟事物本质的思考.有时它意味着不够严格的,不完全的思维.有时它意味着对现实原型的信赖,意味着一种笼统的、综合性的整体判断.有时,直觉又被理解为"顿悟",理解为灵感的闪现.这个词用法很多,这里须陈述我们的理解.

我们认为,直觉是对事物本质的直接领悟或洞察,数学直觉是对于数学对象(结构及其关系)的某种直接领悟或洞察.这是一种不包含普通逻辑推理过程(但可能包含"合情推理"形式)的直接悟性,属于非形式逻辑的思维活动范畴.直觉有时以顿悟的形式表现出来.但直觉不全是顿悟,有时直觉也以"渐悟"的形式表现出来.无论顿悟还是渐

---

①这是作者与王前合作的论文.原载:《枣庄师专学报(自然科学版)》,1990,7(4):4-9.收入本书时做了校订.

悟,都不是靠普通形式逻辑推理而得到的,而是在无意中产生,直接触及数学对象的本质.

所谓数学直觉的层次性,指的是人们获得数学直觉的能力存在层次上的差异.这一点是由数学认识活动中的主体和客体两方面来决定的.从认识主体方面来看,由于数学直觉产生于已有的经验和知识素材,而经验有深度和广度上的差别,所以对于同一数学对象,不同的人可获得不同的直觉.有的层次较低,较为浅薄;有的层次较高,较为深刻.事实上,中学生的数学直觉层次显然低于大学生和研究生的数学直觉层次.而有经验的数学家可以通过直觉思维发现寻常人们所看不到的东西,显然他们的数学直觉居于较高的层次.从认识客体方面来看,我们以前讨论过,数学对象的抽象程度是有层次之分的(参见文献[3]).对不同层次的数学抽象物的认识可获得不同层次的数学直觉.数学直觉层次性的两个方面是互相联系的.认识主体的数学直觉能力层次,要根据认识客体的抽象程度加以衡量.反过来,对于数学认识客体的抽象程度理解到何等层次,取决于认识主体数学直觉能力的强弱.由于主、客体的不断相互作用,数学直觉呈现出很复杂的结构形态.数学直觉各层次之间的关系和转化途径也很复杂,需要进一步加以探究.

2 测度数学直觉层次性的方法

在初步分析了数学直觉层次性的含义及其形成原因之后,随之而来的问题是如何划分或测度数学直觉的层次性.

由于数学直觉是以不同层次的数学抽象物为背景素材的,所以数学抽象度分析法可以为划分或测度数学直觉的层次提供借鉴模式.

按照数学抽象度分析法,给定某一数学分支的全部或部分数学抽象物的集合 M,如果要对 M 中的元素做全面的抽象度分析,就需要将 M 作成偏序集(poset),使其中每一条链都表现为不可扩张的完全链.这样可以计算各条链上各个点的一组相对抽象度,以及出度和入度,获得一个或若干个三元指标.在数学研究和数学教育过程中,人们对每一数学抽象物的抽象度的认识是不断发展的.对于不同的认识主体来说,在认识的不同阶段,所能确定的某一抽象物的三元指标的数值是不同的.数学直觉能力强的人,能够在某一抽象物的性质里面洞察到更多的、更精细的抽象层次的存在,发现各抽象物之间更多的联系,从而使研究对象的相对抽象度、出度和入度都获得更高的数值.比如,在研究代数方程可解性理论的过程中,Lagrange、Ruffini、Abel 等人都取得一定进展,但 Galois 从较为具体的代数方程根的关系中看到了更为抽象的"群"的存在,因而他在这项研究中的直觉能力显然高于前人.他所确定的"群"的概念的相对抽象度、出度和入度都较前人的研究结果有更高的数值,这种数值差异可以作为衡量其直觉能力的一个标志.当然,数学直觉能力的高低还与抽象难度有一定关系.在难度较小的抽象思维过程中取得一步或两步进展,所需的直觉能力显然大大低于在难度较大的抽象思维过程中取得"同步"进展所需的直觉能力.如果用 I 表示某位数学工作者在从事某项研究中所具有的直觉能力层次;用 $\Delta i (i=1,2,3,4)$ 表示研究过程的抽象难度($\Delta 1, \Delta 2, \Delta 3, \Delta 4$ 分别表示小难度,中难度,大难度,特大难度);用 A_1 表示研究之前对象的抽象度,即当时学术界一般公认的抽象度;用 A_2 表示经过研究之后所得新对象的抽象度,那么直觉能力层次 I 可相应表示为

$$I = \Delta i (A_2 - A_1)$$

A_2 和 A_1 的差值还可以分别从相对抽象度、出度和入度三个方面加以表示,相应地表明 I 在把握研究对象的深刻性、基本性和重要性程度方面的情况.

有时,数学家的研究不限于某种抽象概念,而是要证明某一定理,或提出某种推理法则,或建立某一公理系统.这时仍可以沿用以上的测度直觉能力层次性的方法.按照数学抽象度分析法,数学抽象物不仅包括数学概念,也包括各种公理、定理、模型、推理法则和证明方法等.对于数学概念、公理、定理、证明方法等抽象物,可以定义广义的抽象,以比较它们的抽象程度.比如,证明定理 B 时用到定理 A,我们可以说 B 比 A 抽象.建立公理系统 S_1 时用到公理系统 S_2,可以说 S_1 比 S_2 抽象.通过比较研究过程前后的抽象度,可以看出数学家在证明定理、提出推理法则或建立公理系统时直觉能力的层次性.Gauss、Poincaré、Hilbert 都是数学直觉能力极强的大数学家.人们之所以这样评价他们,一是由于他们所研究的课题抽象难度都很高,二是由于

他们在人们都熟悉的素材中发现了新的联系,提出了抽象程度较高的证明方法、法则或公理系统,取得了突破性进展.印度数学家 Ramanujan 的数学直觉能力很强,主要不是表现在研究对象的抽象难度上,而是在于他的研究素材抽象度较低,但他从中获得了抽象度相当高的数学成果.他的数学知识有限,但他猜出了某些相当重要而又相当抽象的数论定理.这种明显的反差表明他的数学直觉能力居于较高层次.我们所提出的数学直觉能力层次测度公式,把抽象难度和研究过程前后抽象度差值都作为因子,正是考虑到这两方面的情况.

需要指出,我们在运用抽象难度与研究过程前后抽象度差值的乘积来测度数学直觉能力层次时,有一个前提,那就是在这个研究过程中,数学直觉必须起作用.我们所提出的公式原则上也可以用于测度其他类型的数学思维活动的能力,比如数学猜测、数学想象,以及公理化和形式化的能力等.但那些数学思维类型的能力测度,还要考虑到其他方面的一些因素.以数学想象为例,要衡量一个数学家的想象能力层次,除了要考虑研究对象的抽象难度的研究过程前后抽象度差值,还要考虑数学想象的范围、速度、选择合用想象的能力、摒弃无用想象或错误思路的能力和速度等.由于数学直觉的过程极短,似乎是在瞬间发生,所以看不到研究过程中其他因素的作用,因而我们所提出的公式更适合数学直觉能力层次的测度.

还需要说明一点,即我们为什么要强调使用研究过程前后抽象度的差值,而不是研究对象本身的抽象度.我们在前面说过,对不同层次的数学抽象物的认识可获得不同层次的数学直觉.但作为认识主体的数学工作者的直觉能力,并不完全由研究对象客观的抽象度来决定.换言之,并不是说研究对象越抽象,数学工作者的直觉能力就越强.因为对于同一研究对象,不同数学工作者的直觉能力可能不一样,所取得的研究进展也不一样,只有研究过程前后抽象度的差值才能反映出直觉能力的高低.另外,历史上有些大数学家直觉能力很强,而现在有些数学工作者的直觉能力可能不如前人,我们如果只看研究对象客观的抽象度,就会得出现在数学工作者的直觉能力无论如何都高于前人的结论,这显然是不符合事实的.

不过,从总的发展趋势上看,从数学家群体的角度看,随着数学科学的进展,数学研究对象的抽象度不断提高,人们的数学直觉能力层次也相应地不断提高.这种宏观评估并不排除个体差异,每个数学工作者的直觉能力层次应当依研究对象和所获成果的具体情况来确定.

3　不同类型数学直觉的层次性问题

数学直觉可划分为不同类型.每一类型的数学直觉也有其层次性问题.

从数学直觉在数学认识活动中的作用来考察,可以把它划分为辨识直觉、关联直觉和审美直觉这三种类型.辨识直觉解决的是一个新想法是否有价值,是否值得去发展的问题.关联直觉解决的是不同知识领域(包括已知知识领域和未知知识领域)之间内在联系的问题.审美直觉解决的是新想法是否符合数学美的要求的问题.这三种类型的直觉的层次性还可做更精细的划分,并且这三种类型的直觉之间也体现出某种层次性.

辨识直觉的对象是具体数学问题之研究.它需要识别哪一种研究思路较有价值、较为可靠,也就是要解决数学研究中的"真"与"善"的问题."真"与"善"都有层次之分.从哲学上讲,人们对某个具体数学问题认识的正确性程度(或者说真理性程度),表明了人们的主观认识同客观真理之间的差距,相对真理同绝对真理之间的差距,这是可以做些定量分析的.数学真理可大体上划分为"逻辑合理性""模式真理性"和"现实真理性"三个层次,每个层次又可作更细的划分.(参见文献[4])对于不同层次数学真理的直觉,应是辨识直觉能力层次性的一个重要方面.对数学认识的价值(即"善")的大小,也可做定量的分析.当然,具体确定其标准很不容易.可以考虑借鉴确定数学抽象难度的方法,运用"实验心理学"手段或通过专家评估,将其划分为不同等级(如价值很小,价值中等,价值很大,价值重大等).对不同价值层次的数学研究成果的直觉能力,也是辨识直觉能力层次性的重要方面.

同辨识直觉相比,关联直觉应居于一个更高的层次,关联直觉不仅要符合"真"和"善"的要求,而且要具备一定的思想跨度.一般说来,知识领域相距越远,其间产生的关联直觉的层次即越高,而其所体现的直觉能力亦即越强.这里需要研究一下划分或测度关联直觉层次的具体方法. 关联直觉是在不同知识领域之间进行的,从抽象度分析法角度考虑,是在不同的抽象链之间建立新的联系,构成多重有向平面图. 因而,有关关联直觉层次性的研究,可以借助于图论的方法. 如果能定量地把握不同知识领域和课题之间的思想跨度,也就有了划分关联直觉层次的一种方法.

审美直觉是比关联直觉和辨识直觉层次都高的直觉类型. 审美直觉内部也存在层次性问题. 但如何划分层次,是一个相当困难的问题. 首先是如何理解"数学美"的问题,在这个问题上有许多分歧意见. 有些数学家认为,数学的简单性、统一性、对称性、奇异性等本身就是数学美的内容. 我们认为这种看法是不全面的. 正如在现实生活中美和丑的概念是相对的一样,对数学美的判断也要考虑到思想文化背景. 一般说来,能够被称"数学美"的对象和方法,应该是在极度复杂的事物中所揭示出的极度的简单性;在极度离散的事物中所概括出的极度的统一性(或和谐性);在极度无序的事物中所发现的极度的对称性;在极度平凡的事物中所认识到的极度的奇异性. 具有简单性、统一性、对称性和奇异性的数学对象与其背景反差越大,则显得越美,越有吸引力. 这里的"反差"原则上是应该能测度的,但其测度方法还有待进一步研究. 比如我们可以说,Euclid 几何学同以前的经验性几何学相比很美,F. Klein 用群的变换思想统一各几何学分支的"Erlangen 纲领"比 Euclid 几何学更美,而 Hilbert 的公理化理论则比"Erlangen 纲领"更美. 这里美的层次性是显然的. 但将其具体表示出来并做定量分析,则需进一步努力.

总之,辨识直觉、关联直觉和审美直觉的层次划分都各有其特殊性,其中涉及到的特殊因素(因子),在划分直觉能力层次的公式中也必须予以考虑.

4 数学直觉层次性的影响因素

以上讨论了数学直觉的三种类型及其层次划分的各种因素. 下面我们来讨论哪些因素影响着数学直觉能力的提高,这些因素是如何影响数学直觉层次的转化的.

影响数学直觉能力的主要因素有以下几方面:

（1）知识基础的状况

数学直觉是在已有的知识素材基础上产生的，知识基础的稳固性，影响着数学直觉认识的可靠性；知识基础的"宽度"，影响着数学直觉，特别是关联直觉的思想跨度．应该看到，并不是所有数学直觉都很有意义和价值，其中有些数学直觉可能没多大用处甚至是谬误的．造成这种状况的原因往往是由于思维主体知识基础不牢或"宽度"太窄．

（2）经验与训练

数学直觉的层次性，同已往的经验有密切关系．而数学直觉能力是可以通过自觉的训练而提高的．数学直觉能力可以说是人的一种与生俱来的能力，但它必须通过积累实践经验方能发挥作用．在数学教育比较初等的水平上，就可以进行数学直觉能力的训练．比如，在初等算术和代数中训练学生对数学关系的直觉能力；在初等几何证明题中训练巧填"辅助线"的直觉能力……大数学家 Gauss10 岁时就能迅速算出 $1+2+\cdots+100$ 的结果（参见文献[5]），说明数学直觉能力在儿童的思维活动中就已萌发，并已体现出层次差别．因而，在数学教育的各个阶段注重训练数学直觉能力是十分重要的．积累数学直觉经验，贵在多想多练，反复体会．由于数学直觉是"悟"出来的，其中的过程难以用逻辑思维的言语讲清楚，所以训练直觉能力不能像讲授数学知识那样进行．提高这种能力要靠引导和必要的指点，但关键在于亲身实践，自己总结经验．在同样的知识基础上，在同样的时间内，一个人实践的次数越多，效率越高，越能使自己的数学直觉能力进入较高的层次．

（3）认识主体的思维品质

所谓思维品质，指的是一个人思维活动中表现出来的屡现的、稳定的特征，如思维的广阔性、敏捷性、独立性、深刻性、灵活性、逻辑性等．这些品质对数学直觉能力都有重要的影响．数学直觉出现之前，一般要经历一个或长或短的酝酿时期．只有对要解决的问题抱有浓厚的兴趣，经过专心的思考，使思想渐入饱和状态，达到获得关键性观念的边缘，才能够产生顿悟或渐悟，使直觉能力发挥作用．在直觉的酝酿阶段，思考问题越全面、越细微，对谬误出现的可能性反应越灵敏，越具有批判性，便越有可能获得高质量的直觉认识，使直觉能力进入更高层次.认识主体思维品质的培养,要从多方面入手.有些思维品质,如广阔性、独立性、灵活性、逻辑性等,平素主要是在直觉思维以外的其他类型的思维活动(如抽象思维、形象思维、形式化思维、合情推理思维)中培养起来的,转而在直觉思维活动中发挥作用.至于思维的敏捷性和深刻性,则直接影响直觉思维的效能.心理学上常把逻辑分析思维称为"收敛思维",而把非逻辑思维(包括想象、模拟、猜测、直觉等)称为"发散思维".这两种类型的思维活动对思维品质的形成有不同的影响,从而使每个人的收敛思维能力和发散思维能力各有不同.就数学直觉能力而言,从猜测、想象、模拟等发散思维中获益更多一些.但收敛思维也是不可缺少的.收敛思维能力太差,直觉的酝酿阶段就缺乏对知识素材的组织加工,缺乏必要的筛选和向关键性观念的逐次逼近,因而不可能实现认识上的飞跃.

(4)主体审美意识水平

认识主体审美意识水平,主要影响数学审美直觉能力,同时,对于辨识直觉能力和关联直觉能力也有一定影响.某种意义下,数学美并非主观臆造物,而在整体上反映了数学理论体系内部的有机联系,要比局部的单纯的分析更接近于现实世界的本来面目.运用数学美的标准来鉴别辨识直觉和关联直觉,很有希望获得成功.由此看来,审美意识水平的提高是促进各种类型的数学直觉能力的提高的重要因素.审美意识水平的高低,不仅取决于数学领域的实践和认识活动,还要受数学以外的思想文化因素的影响.特别是文学艺术方面的修养,很可能对审美意识水平以至数学直觉能力有着潜在的重要影响.很多数学直觉能力极强的大数学家,如 Hilbert、J. von Neumann 等人,在文学艺术上都有相当高的鉴赏能力,这种现象绝非偶然.

以上我们初步讨论了数学直觉层次的划分以及影响数学直觉能力的诸种因素.我们尚未深入接触数学直觉内部结构和规律性问题,这方面的问题是有待进一步研究的.然而,从目前的讨论看,有可能找到一条深入探讨数学直觉结构的途径,这就是以数学抽象度分析的思维模式为借鉴,逐渐扩大对数学直觉思维活动中各种因素的定量分析.通过分析和比较,深入了解数学直觉的规律性.可以设想,这方面研究的进展,将会大大改善数学工作者的思维素质,从而对数学研究和数学教育产生深远的影响.

参考文献

[1] 刘正埮,高名凯,史有为,等.汉语外来词词典[M].上海:上海辞书出版社,1984.

[2] Davis P J, Hersh R. The Mathematical Experience. Boston: Birkhäuser,1981.

[3] 徐利治,张鸿庆.数学抽象度概念与抽象度分析法[J].数学研究与评论,1985,5(2):133-140.

[4] 徐利治,郑毓信.略论数学真理及真理性程度[J].自然辩证法研究,1988,4(1):22-27.

[5] 梁宗巨.世界数学史简编[M].沈阳:辽宁人民出版社,1980.

"数学模式观"与数学教育及哲学研究中的有关问题[①]

1 数学模式的含义

  数理科学的现代发展,使人们越来越认识到,数学作为一门抽象性学科,主要是研究理想化的"量化模式".这个观点至少可以追溯到数十年前英国数学哲学家 A. N. Whitehead 以"数学与善"为题所做的一次著名讲演中的看法. Whitehead 的观点主要是针对纯粹数学而言的.但应该看到,即使在应用数学领域中,人们所使用的种种数学模型,也都是符合各种实际需要的量化模式.这些模式或模型往往是借助于数学符号、数学概念、形式语言和一定的推理规则表现出来的,甚至可以作为数学软件交付计算机处理,但它们都带有不同程度的理想化特征,并具有一定范围内的普适性.

  请不要误认为"量化模式"的概念会把几何学对象排除在外.事实上,各种几何学所研究的空间形式之间的关系(各种变换群作用下的不变性关系)都可归结为量的范畴.这一点,数十年苏联数学家柯尔莫哥洛夫早就指出来了.

  一般说来,数学模式(mathematical pattern)指的就是,按照某种理想化的要求(或实际可应用的标准)来反映(或概括地表现)一类或一种事物关系结构的数学形式.当然,凡是数学模式在概念上都必须具有一义性、精确性、一定条件下的普适性及逻辑上的演绎性.

  因此,数学模式的含义是极其广泛的.例如大而言之,凡是按

①原载:《数学教育科学论文集(1988~1989)》,天津科技出版社,1990.收入本书时做了校订.

Bourbaki 结构主义观点所建立起来的每一个数学分支理论（包括按公理化方法表述的各种数学理论结构体系），都可看作一个大型的数学模式。小而言之，一个数学公式、一条数学定理、一种计算方法、一类数学问题的合理提法和一般处理方式，甚至按科学抽象法则概括出来的一个数学概念，也都可视为一个小型的数学模式。但是，必须注意"普适性"是构成模式的必要条件。因此，数学中各种处理特殊问题的特殊方法或特殊模型，虽然也有其独特的意义和价值，却不属于数学模式之列。当然，特殊问题和特殊方法经过拓广之后也还是可能成为数学模式的。

2 模式论观点与数学教育及教学

本节概略讨论数学模式论的观点（简称"模式观"）及与其有关的现代数学教育、教学法中的一些问题。

首先指出，让青少年逐步获得模式观念的熏陶是十分必要的，但它需要一个由低而高、由浅入深的教育过程。例如，自然数 1，2，3，4，…乃是对离散性事物计数用的最简单的量化模型。教会儿童们从有名数四则运算过渡到无名数的运算时，也就通过算术的应用实践使他们逐步完成了对自然数以及有理数结构模式的认识过程。但是，当抽象思维能力还没有达到一定的成熟程度时，要想让青少年很快把握住像"自然数集合"及"有理数集合"等这些较高级的数学模型概念还是很不容易的。

又例如，Euclid 平面几何学是一种实体公理化几何学，它代表着数学公理化方法中的一种尚未摆脱直观因素的原始模式。这种模式固然不具备 Hilbert 形式公理化几何模式那种完美的协调性和普适性，但就培训青少年尽早获得数学模式观念和技巧而言，它在数学教学上却无疑是极有价值的。法国现代数学家 Thom 在和 Bourbaki 学派代表人物 Dieudonne 辩论有关数学教育改革问题时也曾表述了类似看法。事实上，很难想象初学者跳过 Euclid 几何的学习阶段，而轻易地弄通形式公理化的几何模式。

以上主要是说明模式观是有高、低层次之分的，要让受教育者建立明确的数学模式观是不可能一蹴而成的。从科学认识论的观点看，任何人获取知识都需要经历一个从具体到抽象、从感性到理性的发展阶段,而且每个人的抽象概括能力总是逐步成长起来的,因此数学教育与教学只能是在帮助青少年增长数学知识的同时,获得不同层次的模式论观点的熏陶和训练.大家还记得,20 世纪 50 年代至 60 年代国外中等数学教育中盛极一时的"新数学运动"(new math movement),它之所以未能取得成功,原因正是在于其做法背离了认识论规律.

多年前作者曾经与张鸿庆合写过一篇讨论"数学抽象度"的文章①.那篇文章中指出,对每一种数学模式都可进行抽象度分析.再者,大的模式往往包含许多小的模式,而每个或大或小的模式都可以有"相对抽象度"和不同的"抽象难度".一般说来,抽象度较低的数学模式可以安排在学习的初级阶段,如小学与中学阶段.到了大学阶段,就可以学习抽象度较高的数学模式.实际上,现今世界各国的数学教育都无一例外地遵循这个原则.

那么,强调和提倡数学模式观的数学教育与教学,究竟希望达到哪些目标呢?我想,简单说来,就是要引导学习者逐步掌握分析模式、应用模式、建立模式和鉴赏模式的思想方法.

为了顺利地达到这些目标,教师就必须运用模式论观点去分析教材、组织教材和设计特定的教学过程.

因为模式是以抽象的形式反映关系结构的,所以分析模式就是要去分析关系结构的基本属性和类别.这样,Bourbaki 学派的结构主义观点和方法显然是极为有用的.另外,抽象度分析法能用以量度模式结构的深刻性、基本性、重要性以及模式结构的抽象难度,所以也是分析模式的一种工具.由此看来,要搞好模式分析,掌握好 Bourbaki 学派的基本思想方法和抽象度分析法该是很有必要的.

很显然,要学会应用模式去解决问题,首先要理解模式,弄清楚模式的功能和限度.这就需要分析模式.因此,运用模式的能力,脱胎于分析模式的能力.还有一点必须注意,时至今日,科技领域中有关数学模式(或模型)的应用研究,往往需要借助于电脑(计算机)的科学计算.因此,应用模式解决问题的能力又往往取决于科学计算的能力.这

①可参阅《徐利治谈数学方法论》(大连理工大学出版社,2008)中的"数学抽象概念与抽象度分析法"一文.

一认识对于培养应用数学工作者来说尤为重要.

一般认为,一个现代数学科学工作者是否具有创造能力,主要看他有没有"建模能力".建模能力泛指设计、创造或建立数学模式或模型的能力.

那么,怎样去培养"建模能力"呢? 这是需要认真研究的问题.正如大家所知,"数学模型论"已经变成今日国内外许多理工科大学的重要课程,虽然这门课程多半是为学习应用科学的学生们开设的,但对专攻数学科学的人来说,其基本思想和方法同样是不可缺少的.

中国有句古话叫作:"熟读唐诗三百首,不会作诗也会吟."这句经验之谈很有道理.三百首唐诗是从数以万计的诗词中精选出来的,代表着五言、七律诗中的最佳模式,它们不仅具有优美的形式,而且蕴藏着发人深省的内容,所以千百年来传诵不休,成为广大青少年习诗的样板和捷径.事实上,要学得数学的建模能力,也是一样,必须精心选择数学模式中的样板,反复钻研,弄得滚瓜烂熟,才能入乎其内、出乎其外、洞察其隐,领悟数学建模的精髓.

数学中许多基本定理和典型方法都是兼具真、善、美特色的数学模式,而且不愧为模式的样板.像我们熟知的代数学基本定理、Newton-Leibniz 积分学基本公式、拓扑学与泛函分析中的各种不动点定理及其证明方法等,都是应该作为样板来学习的.

在理论数学领域中,到处都有数学理论模式的样板.例如,作为大型数学模式的样板的例子可以举出:代数学中的 Galois 理论、分析学中的 Lebesgue 测度论与积分论、几何学中的 Hilbert"几何学基础"、复变函数论中的 Riemann 面理论、近代泛函分析中的 Banach 线性算子论……此外,像非 Euclid 几何学的公理系统以及 Poincaré 所创始的常微分方程定性理论等,也都是具有样板特色的数学模式.

教师讲授数学模式或模式的样板时,一般应该采用启发式,即从问题出发,激发出种种想法(包括猜想和合情推理等),然后通过概念选择、综合、分析、试证等步骤,尽可能让学习者自己去发现各种数学模式的构思特点和建模方法,从中总结出规律.

一般认为,好而有用的数学模式总具有"模式美".所谓"模式美"指的就是模式本身所表现出来的和谐性和应用上的普适性.特别地,模式构思的精巧性和结构形式的简单性往往成为模式美的重要特征.由此看来,建模能力的培养还必须伴随着审美意识的培养.这就是说,模式鉴赏能力和建模能力作为教育培养目标是不可分割的.

以上主要阐述了对数学模式观、数学教育、教学法中一些问题的初步看法.但还有不少问题未能涉及.希望教育科学研究工作者与数学教师们能做一步的讨论和研究.

3 模式观与数学真理问题

数学真理问题是近现代数学哲学中的一个重要问题.国内外数学哲学界对此问题已有许多讨论,特别在国外曾有长期的争论,并且形成了不同的学派,提出了各种不同的观点.读者欲知其详,可参考苏联数学家 G. I. Ryzabin 在 1968 年出版的《数学论》一书的第四章,还有夏基松、郑毓信合著的《西方数学哲学》(人民出版社,1986)一书的第五章.在那里,作者对数学真理观做了很精辟的评述,值得我们借鉴.

本节专门探讨数学模式观与真理观之间的关系问题.事实上,对历史上存在的各种真理观之间的争议进行分析,不难得出两个结论:一是数学真理观的分歧问题,可以归结为对数学模式真理性的看法或估价问题,这涉及到对人脑数学理论思维产物的信任程度问题.二是产生分歧观点的根本原因乃是由于数学家们采取了不同的思维模式.正是由于他们各自坚信自己的思维模式而拒绝另外可能的模式,所以在如何理解数学真理性的问题上,他们自然就有各自不同的标准了.实际上,坚持不同的真理标准,正好反映了不同的思维模式,而直觉主义者、逻辑主义者、形式主义者以及 Plato 主义者之间所以存在争议,原因也就在此.后面还将述及这一问题.

现在不妨先从传统的观点说起.这一观点一向认为数学理论的真理性要靠其在物理科学上的实际应用来检验,也就是通常所说的,数学真理应该有一个客观的"真理的物质标准",亦即要有一个外在客观世界实践验证的标准.无疑这个标准是对的,而且应该坚持下去.

另一方面,现代理论数学的高度发展,已经在许多方面远远超越物理科学、技术科学与人文科学所能应用的范围.许多具有很高抽象度的数学模式是无法从物质世界中获得任何实践验证的,有的甚至超出了经验的想象范围(如 Weierstrass 的处处不可微的连续函数曲线和 Cantor 的超穷基数序列等). 然而它们都满足无矛盾性要求,具有逻辑上的合理性和"形式上的客观性",使得人们能对它们进行客观的研究. 那么应该如何看待它们的真理性呢?

现代科学哲学已经阐明,像火车、飞机、电脑、棋谱、计算机软件、魔方玩具等都是人脑思维活动的创造物,它们组成了自然界(第一世界)与精神界(第二世界)之间的第三世界(又称"中介世界"). 而具有"形式客观性"的一般数学模式正如棋谱那样,也属于永远发展着的客观存在的第三世界.

这样看来,坚持数学真理的"物质标准"(或实践检验标准)问题,就需要新的补充说明. 比方说,对客观存在的棋谱,用组合数学的定理加以分析,结果得到了符合弈棋实践的正确结论,是否就可以承认该定理已通过实践检验了呢? 由于棋谱也是属于第三世界的精神创造物,问题就变成:可否把第三世界的创造物(数学模式)能用第三世界的另外创造物来验证也看作是确定真理的一种标准呢? 事实上,人们已经默认这种标准. 例如,Hilbert 空间算子理论在理论量子力学上得到应用就可视为前者得到了"实践的检验". 而理论量子力学原来也是理性的创造物(当然,量子力学可以通过第一世界的实践来验证).

我们认为,实际应用与实践检验的含义可以从第一世界拓广到第三世界. 所谓真理的物质标准,应该拓广为"广义的客观标准".

正是基于以上的考虑,本文作者曾在《略论数学真理及真理性程度》(与郑毓信合作,《自然辩证法研究》,1988,4(1))一文中,提出了数学的"模式真理性"与"现实真理性"两个不同概念. 前者是相对于数学模式借助于逻辑定义而获得的稳定的关系结构与形式客观性而言的. 后者则是指数学模式所具有的现实意义,即是指它们反映了第一世界(自然界)中的某种关系形式或特征. 所以现实真理性直接体现了传统意义下的真理的物质性.

一般说来,数学的模式真理性与现实真理性往往是一致的. 这是因为作为"数学概念反映器(或产生器)"的人类的大脑原是物质组织的最高形式,再加上数学工作者的思维活动总是遵循着具有客观性的逻辑规律来进行的,因此思维的产物——数学模式与被反映的外界

（物质世界中的关系结构形式）往往是一致的，而不能相互矛盾．这正是数学所以能成为认识和改造世界的有效工具的原因所在．可是，另一方面，模式真理也很可能是超现实的，因而未必总能被验明具有现实真理性．例如，前面提到 Cantor 的超穷基数序列（漫无止境地使用延伸、穷竭二原则所引出的阿列夫序列）：

$$\aleph_\omega, \aleph_{\omega+1}, \cdots, \aleph_\Omega, \cdots$$

恐怕到任何时候也是无法找到在现实世界中的具体原型的．所以，Hilbert 不得不把 Cantor 的超穷数理论称之为"理想数学"．

由上可见，我们把模式真理性与现实真理性区别开来，实际上和 Hilbert 把数学区分为理想数学与现实数学（又称"真实数学"）的观点并不矛盾．但我们还要补充指出，任何数学模式如果在具备无矛盾性和形式客观性之外，还能在中介世界内部得到应用和检验，那么也可认为已具有"广义的现实真理性"．

最后，我们再简略地讨论一下数学家是如何运用不同的思维模式引出不同的数学模式以致对真理产生不同看法的．这不妨通过一个最突出的例子，即关于"自然数列的模型"来说明问题．事实上，直觉主义派和逻辑主义派及形式主义派的观点分歧正是从这里开始的．因为这里涉及到相互对立的"无限观"问题．读者如对此有兴趣，请参阅拙著《数学方法论十二讲》（大连理工大学出版社，2007）第七讲和第九讲．

众所周知，关于自然数已有两种不同模式．一是直觉主义者的模式，即把"自然数序列"理解为永远延伸着的，总在不断创造中的永无止境的进程：$1,2,3,\cdots,n,\cdots$．这个进程是不可能完成的，因此不能考虑**一切**自然数的概念．二是形式主义者和逻辑主义者的模式，即把"自然数序列"理解为可以完成的过程，因而能作成一个无穷集合：$\{n\}=\{1,2,3,\cdots,n,\cdots\}$．这里承认可以由**一切**自然数形成一个无限总体．显然这两种观点是彼此对立的．在数学哲学上，把前者称为"潜无限"观点，把后者叫作"实无限"（或真无限）观点，这是数学界与哲学界不同派别关于"自然数无限性"的两种根本不同的观点．正是这些根本观点上的分歧，导致不同流派对如何建立数学大厦（亦即数学建模工程）形成了互不相同的主张和计划．

那么，自然数序列的无限性究竟是潜无限还是实无限呢？究竟哪一种代表数学真理呢？显然，采取不同的模式也就代表了对无限性有不同的真理标准.潜无限论者坚持自然数的延伸性，这是符合计数经验的一种很直观的思维模式.所以许多人都会很快接受自然数的潜无限概念.可是，如果承认自然界有飞跃，承认运动的本性具有联结性，那么考虑数轴上的一个动点 P 从坐标点 1 向原点 O 滑动时，当 P 达到原点，P 就经历了**一切** $\frac{1}{n}$ ($n=1,2,3,4,\cdots$)的坐标点.由于 $\frac{1}{n}$ 和 n 成一一对应，所以**一切自然数**成一个集合 $\{n\}$ 的概念便可立即形成.这里，当动点 P 从非零坐标点达到原点（坐标为零的点）的一瞬间，也就立即完成了一切 $\frac{1}{n}$ 的概念.这是跟踪反映动点运动的思维运动中的"飞跃".默认这个飞跃，也就能形成真无穷集合 $\left\{\frac{1}{n}\right\}$ 和集合 $\{n\}$ 的概念.这就是为逻辑主义者和形式主义者共同承认的思维模式.

根据上述分析，可见正是因为潜无限论者不承认思维飞跃的模式，所以不能接受自然数序列能从延伸到穷竭而形成真无限集合 $\{n\}$ 的概念.这例子就充分说明，数学家接受不同的思维模式，就会建立不同的数学模式，并因而会产生不同的真理观.

事实上，根据我们多年前所提出的"双相无限"观点，利用现代非标准分析方法，还可建立自然数序列的第三种模式，即"非 Cantor 型自然数序列模式"或"双相无限模式".在这种模式中，还进一步表明了自然数序列中存在着"飞跃段"，并指明了飞跃段的内部结构.建议对此有兴趣的读者参阅前面提及的拙著《数学方法论十二讲》中的第七讲.

以上说明，关于自然数这一客观对象，就可以存在三种不同模式.它们都具有形式上的客观性和模式真理性，因此并不存在哪一种对或哪一种错的问题.应该说，按照数学模式观它们都是对的.至于它们各自所具有的现实真理性如何，那是需要通过第一世界或第三世界里的数学实践来验证的.

总之，本节主要是利用模式观来分析数学真理问题.其基本论点就是承认真理是可以划分为不同范畴的，所谓实践的验证领域可以包括中介世界.读者如对数学真理观问题发生兴趣，对其进行进一步研究，则这种研究极有可能对数学方法论的发展和数学教育的研究具有积极的意义.

数学模式观的哲学基础[①]

本文通过数学抽象的定性分析,并联系 Popper 的"世界 3"理论提出了模式观的数学本体论和模式观的数学认识论,这不仅是对于数学的本体论问题和认识论问题的具体解答,而且还构成了一种新的数学哲学理论——数学模式观的数学哲学理论的基础部分.

1 数学的本体论问题

数学的本体论问题可以概括地表述为:数学对象可否看成一种独立的存在? 如果可以,这是一种什么样的存在? 如果不行,则应当怎样理解数学研究的意义?

如果限于对某些基本的数学概念进行分析的话,上述问题的解答似乎是不难找到的:

第一,数学对象不可能是一种不依赖思维的独立存在.例如,谁曾见到过"一",我们只能见到某一个人、某一棵树、某一间房,而绝不会见到作为数学研究对象的真正的"一"(注意:在此不应把"一"的概念与其符号相混淆).类似地,我们也只能见到圆形的太阳、圆形的车轮,而绝不会见到作为几何研究对象的真正的"圆"(在此也必须对"圆"的概念与纸上所画的圆明确地加以区分).从而,就如恩格斯所说,全部所谓纯数学都是研究抽象事物的,它的一切数量严格说来都是想象的数量.

第二,尽管数学对象并非不依赖于思维的独立存在,但其基本概念又往往具有明确的客观意义.例如,"一"的概念就是所有单个事物

---

① 这是作者与郑毓信合作的论文.原载:《哲学研究》,1990(2):74-81.收入本书时做了校订.

在数量上的共同反映."圆"的概念则集中表现了所有圆形事物在(几何)形式上的共同性.从而,这也就如恩格斯所指出的,自然界对一切想象的量都提供了原型.综上所述,就可引出这样的结论:数学对象并非不依赖于思维的独立存在,而是抽象思维的产物.然而,它们又有着确定的客观内容,即是思维对于客观事物量的属性的反映.

应当指出,古希腊的 Aristotle 早就从十分一般的角度对数学的本体论问题进行了研究.他集中讨论了所谓的"分离问题":理念究竟存在于个别事物之中,还是在个别事物之外,并与个别事物分离开而独立存在?由于数学对象在 Plato 学派那里也被认为是一种理念,因此,作为分离问题的一种特殊情况,Aristotle 就接触到了数学的本体论问题.Aristotle 认为,数学对象事实上只是一种抽象的可能性.他写道,数学中一般的命题是研究大小和数的.但是它们所研究的大小和数,不是那些我们可以感觉到的,占有空间的广延性的,可分的大小和数,而是作为某种特殊性质的大小和数.是我们在思想中将它们分离开来进行研究的.正是在这样的意义上,我们说数学对象是存在的,但这只是一种抽象的存在,即只是由于数学家的抽象思维,它们才得以由"潜在的"转化为"现实的".显然,Aristotle 的这一观点与上面所得出的结论是基本一致的.

那么,数学的本体论问题为什么仍然在数学哲学的研究中占有十分重要的地位,并事实上成为现代数学哲学研究的一个焦点呢?我们认为,这里存在两个方面的原因:

首先,理论本身存在一定的缺陷.例如,任何稍有数学经验的人都会有这样的体会:我们在数学中所从事的是一种客观的研究.这就是说,我们不能随心所欲地去创造某个"数学规律",而只能按照数学对象的"本来面貌"对它进行研究.例如,既不能随意地把 7 说成是 4 与 5 的和,也不能毫无根据地去断言 Goldbach 猜想的真假.但是,如果数学对象只是抽象思维的产物,而抽象思维则又显然属于各个个人,并且有一定的任意性,那么,我们在此就遇到了数学研究的客观性(确定性)与思维活动的主观性(任意性)的矛盾.

其次,数学的现代发展也带来了新的问题.众所周知,数学现代发展的决定性特点之一是研究对象的极大扩充,即由已知的(或者说,具有明显直观背景的)量的关系和形式扩展到了可能的量的关系和形式(参见 A.亚历山大洛夫等著.《数学——它的内容、方法和意义》.科学出版社,1958).但是,人们却无法对这些"越来越远离自然界,似乎是从人们的脑子中源源不断地涌现出来的概念"的客观意义做出明确的解释(特别是,现代的数学基础研究已经表明:间接解释的方法,即以简单的、具有明显直观意义的数学概念为基础去"构造"较为复杂的、不具有明显直观意义的数学概念的方法,并不总是有效的).这就直接促进了关于数学本体论问题的新的思考.

综上所述,在数学哲学中围绕数学的本体论问题出现一些极端的立场就是不足为奇的了.例如,从数学的"客观性"出发,一些人采取了实在论的立场,即认为数学对象是一种不依赖于思维的独立存在.这就如 G. Frege 所指出的:"如果我们相信数学的客观性,那就没有任何理由反对我们借助于数学对象来进行思维,也没有任何理由反对关于数学对象的这样一幅图景:它们是早已存在的,并等待着人们去发现."(Benacerraf P,Putnam H. Philosophy of Mathematics Selected Readings[C]. London:Prentice-Hall,Inc. ,1964)另外,现代数学哲学中的形式主义则认为数学对象是纯粹的虚构,数学家们所从事的只是按照明确的法则对符号(或符号序列)实行机械的组合和变形,显然,这就完全切断了数学与客观世界的联系.

我们认为,实在论和形式主义均未对数学本体论问题做出合理解答,正确的做法应是联系数学的现代发展对数学抽象做出更为深入的分析,并结合现代的哲学理论建立更为合理的数学本体论.下面我们就来开展这一工作.

2 数学模式观

我们在《数学抽象的定性分析与定量分析》一文中曾从抽象的内容、性质和程度这几个方面对数学抽象的特殊性质进行了分析,其主要内容为:

(1)特殊的抽象内容.

这是指数学是从量的侧面反映客观实在的.就是说,在数学的抽象中仅仅保留了事物的量的特性而完全舍弃了它们的质的内容.这种特殊的抽象内容即是数学抽象与其他科学中的抽象的主要区别.也正因为此,数学就可被定义为"量的科学".

但是,应当强调的是,对于上述的"量",我们必须做辩证的理解:第一,作为"量和质"这一哲学基本范畴的一个环节,"量"这一概念具有十分确定的意义.一般地说,事物的"量"的规定性即是指事物存在与发展的规模、程度、速度、方式等.因此,在这一问题上的任何怀疑论或不可知论的观点都是错误的.第二,"量"并非是一个静止的、僵化的概念.恰恰相反,这一概念是随着人类实践的发展而不断发展和演变的.例如,从历史的角度看,数和形曾是"量"这一概念的两个基本意义——正因为此,就有如下的说法:"数学是研究数量关系和空间形式的科学."但是,随着实践的发展,量的概念已经突破了这一历史的局限性,因此,如果在今天仍然固守上面的说法就是不妥当的.一般地说,随着实践的无限发展,量的概念必将展示出更为丰富的内容.

(2)数学抽象的逻辑性质

这是指数学对象是借助于明确的定义逻辑地得到"构造"的.就是说,无论所说的对象是否具有明确的客观意义,在严格的数学研究中我们都只能依靠所说的定义去进行(演绎)推理,而不能求助于直观.在此我们同时对数学对象的逻辑构造做出如下的区分:第一,数学中的派生概念是借助于其他的概念"明显地"得到定义的;第二,那些更为基本的对象,即所谓的初始概念,则是借助于相应的公理系统"隐蔽地"得到定义的.

应当指出,数学对象的"逻辑构造"正是数学研究由素朴的水平上升到理论水平的直接表现,而只有后者(是与建立在直接经验之上的"归纳命题"相对立的)才能被认为是真正的数学知识.因此,就有必要引进(量化)模式的概念.所谓模式,一般地说,即是指抽象的数学理论,亦即通常所说的数学结构.特殊地说,如果一个数学命题是以某一抽象的数学理论为背景(或者说是作为某一抽象数学理论的组成部分)而得到建立(被接受)的,也可被称为一个数学模式.从而,就数学的现代研究而言,就可以说,所谓数学对象即是指(量化)模式.

(3)特殊的抽象高度

这是指数学抽象所达到的高度远远超出了其他科学中的一般抽

象. 具体地说,数学的高度抽象性首先表现在数学中有很多概念并非建立在对于真实事物的直接抽象之上,而是较为间接的抽象的结果,即在抽象的基础上去进行抽象,由概念去引出概念. 其次,就数学的现代发展而言,其高度的抽象性则突出表现在公理化方法的现代发展上,即由实体的公理化方法到形式的公理化方法的发展上. 在形式的公理系统中,公理已不再是关于某种特定对象的"自明"的真理,而只是一种可能的假设,即我们已不再是由已知的对象去建立相应的公理系统,而是借助于所谓的"假设—演绎系统"去从事对可能的对象的研究. 从而,公理化方法的这一发展事实上就意味着数学研究对象的极大扩充,即是由"已知的"(具有明显直观背景的)模式扩展到了"可能的"模式.

基于上面的论述,我们即可对数学的本体论问题做出如下的进一步分析:

第一,数学以模式为直接的研究对象,而模式则是抽象思维的产物.

第二,由于模式是借助于明确的定义逻辑地得到"构造"的,而且在严格的数学研究中,我们只能依靠所说的定义,而不能求助于直观,因此尽管某些数学概念在最初很可能只是少数人的"发明创造",但是一旦这些对象得到了"构造",它们就立即获得了确定的"客观内容",人们对其只能客观地加以研究,而不能再任意地加以改变. 显然,数学抽象的这种逻辑性质正是数学之所以能够成为一门科学的一个必要条件.

第三,模式是抽象思维的产物. 然而,这并非是思维对于客观实在的直接的、消极的反映,而是一种间接的、能动的反映. 因为,首先,概念的形成总是一个简单化(理想化)、粗糙化、僵化的过程,即如列宁所说,如果不把不间断的东西割断,不使活生生的东西简单化、粗糙化、僵化,那么我们就不能想象、表达、测量、描述运动. 思维对运动的描述,总是粗糙化、僵化的过程. 不仅思维是这样,而且感觉也是这样;不仅对运动是这样,而且对任何概念也都是这样. 因此,数学对象的逻辑定义就是一种"重新构造"的过程,而并非对于客观实在的直接反映. 其次,正由于数学对象的逻辑构造在一定意义上就意味着与真实的脱离，从而就为思维的创造性活动提供了极大的自由空间. 例如，正如前面所指出的，公理化方法的现代发展就意味着数学的研究对象由"已知的"（具有明显直观背景的）模式扩展到了"可能的"模式. 由此，我们也就不能绝对地去肯定每一种具体的数学理论的客观意义（现实真理性）.

第四，列宁曾经指出，人的概念就其抽象性、隔离性来说是主观的，可是就整体、过程、趋势、源泉来说却是客观的. 类似地，尽管我们不能以一种直接的、简单的形式去肯定各种数学理论的客观意义，但由于理论研究的最终目的是应用，而且，从历史（或发生学）的角度看，形式的数学理论又往往通过非形式的数学理论的"过渡"与客观实在建立较为直接或较为间接的联系，因此，我们也就应当在同样的意义上去肯定数学的客观意义，即就整体、过程、趋势、源泉来说，数学是思维对于客观实体量性规律性的反映.

最后，由于数学模式具有确定的"客观内容"，而这种内容又不可能借助其与真实世界的联系得到直接的、简单的说明，因此，这些模式就构成了另一类与真实世界互不相同的独立存在. 另外，由于模式是抽象思维的产物，而且就整体、过程、趋势、源泉来说又与真实世界有着必然的联系，因此，我们就不应把数学对象看成完全独立的存在，而应注意它们与真实世界及思维活动之间的辩证关系.

上述各点即为建立一种新的数学本体论——数学模式观提供了必要的基础，而且，事实上也为建立一种新的数学观——我们称之为"数学模式观"的数学哲学理论，提供了必要的基础①.

3 模式观的数学本体论

为了对数学的本体论问题做出更为明确的解答，在此首先援引 K. Popper 的世界 3 理论②.

对于世界 1 和世界 2，人们是较为熟悉的（除去新术语的使用以外）. 而所谓的世界 3，应当说是 Popper 所首先创立的一个概念. Pop-

---

①除去模式观的数学本体论和认识论以外，模式观的数学哲学理论的另一主要内容为数学真理的层次理论.

②笔者在访英期间曾有幸见到了 K. Popper 爵士. 在交谈中，Popper 遗憾地指出，他的世界 3 理论尚未得到足够的重视. 我们认为，Popper 的这一说法有一定的道理，因为，由上面的讨论即可看出，世界 3 理论的确尚有很多地方值得人们做进一步的思考和研究.

per 对世界 3 的性质做了如下的说明：

第一，由于世界 3 乃指思想的客观内容，因此，这就不能被认为是一种不依赖于思维的独立存在．但是，正如我们可以自由地去谈及"理论自身""问题自身""论证自身"等一样，在一定条件下我们也可切断世界 3 与世界 2 的联系而谈及一个独立的世界 3．显然，这事实上也就是关于三个世界划分的最基本内容．

第二，语言为思想的客观内容的相对独立性提供了必要的外在（物质的）形式．

第三，尽管世界 3 是思维活动的产物，但是，这种创造性活动又必然会产生未曾预料的副产品，如新的未曾预料的事实、新的未曾预料的问题等．从而，思想的客观内容在借助于语言"外化"为世界 3 的对象后又构成了新的认识活动的对象，而这种认识活动则主要是一种发现，并非创造性的活动．

前面的讨论已经表明数学对象在本体论问题上具有如下的性质：数学模式就其自身而言并非真实的存在，而是抽象思维的产物．但是，它们又有着完全确定的客观内容，并事实上构成了数学研究的直接对象．因此，如果采用 Popper 的语言，我们就可以说，数学对象即是世界 3 中的独立存在．

但是，我们又应明确指出，在"数学世界"与 Popper 的世界 3 之间存在着重要区别：

首先，Popper 曾把自己的世界 3 笼统地描述为"没有认识主体的知识"，认为其中包含了理论、问题、论证、猜想等各种成分，从而就是一种"大杂烩"式的世界，即是与物理世界很不相同的世界．然而，在数学世界和物理世界之间却有着明显的对称性：两者的基本成分分别为数学对象和物理对象．数学和一般科学则分别为关于各自对象的真理．我们甚至可在近乎"对称"的意义上去谈论数学直觉和感性知觉的类比：

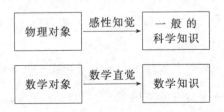

其次，前面的分析已经清楚地表明了数学模式的逻辑性质，而这事实上也就是数学对象与世界3中其他对象的一个根本区别：Popper并未能对世界3中一般对象的性质做出明确的说明，而只是指出思想的客观内容借助于语言转化成了世界3中的独立对象．但是，由于这里存在着个体与群体的对立，通常所使用的自然语言又具有明显的局限性（不规则性、含糊性等），因此，这些对象不可能成为精确科学的研究对象．

鉴于上面的考虑，在此就有必要引入一个独立的数学世界的概念，进而对于数学的本体论问题就可做出如下的明确解答：

（1）数学对象是数学世界中的独立存在．

（2）数学世界是抽象思维的产物：数学对象是借助于明确的定义逻辑地得到"构造"的．也正因为此，数学对象就具有确定的"客观内容"，并构成了数学研究的直接对象．

这就是模式观的数学本体论．

最后，为了避免不必要的混淆，还可与直觉主义的数学观做一简单的比较．

众所周知，数学哲学中的直觉主义者也持有"构造主义"的观点，即认为数学对象是一种"思维构造"．但是，在模式观的数学本体论与直觉主义的数学观之间又有着以下的重要区别：

第一，模式观的数学本体论明确地肯定了数学理论的客观意义，即认为就整体、过程、趋势、源泉来说，数学是思维对于客观实体量性规律性的反映．与此相反，直觉主义者则完全否定了数学的客观意义．如A. Heyting所说，"数学思想的特性在于它并不传达关于外部世界的真理，而只涉及心智的构造．"（Heyting A. Intuitionism：An Introduction[M]. Amsterdam：North-Holland Pub. ，1956）

第二，模式观的数学本体论并未对数学的抽象思维做出任何人为的限制，而直觉主义则突出强调了构造的"能行性"（在直觉上的"可信性"），从而对实无限的概念和方法采取了绝对否定的态度，并在事实上造成了数学的"支离破碎"．

第三，模式观的数学本体论明确强调了数学对象在形式上的相对独立性，即承认一个相对独立的数学世界的存在．而直觉主义则由于把思维活动与语言形式绝对地对立起来,而否定了数学对象由内在的思维构造向外部的独立存在转化的可能性.例如,A. Heyting 就曾明确声称:"我的数学思想属于我个人的智力生活,并限于我个人的思想……"显然,如果坚持这样的立场,最终就将导致"数学唯我主义"和"数学神秘主义",而这是与数学的科学性直接相冲突的.

综上所见,模式观的数学本体论与直觉主义的数学观是大相径庭的①.

4　数学的认识论问题

下面再对数学的认识论问题做一分析.

(1)上面的讨论已经表明,相对于一般的科学研究而言,数学的认识活动具有一定的特殊性.这主要是指数学家是通过模式建构,以模式为直接对象来从事研究的,其认识活动并非直接反映客观实体量性规律性.正因为此,与先前"数学是量的科学"这一大大简化了的"定义"相比,以下的说法就是更为恰当的:数学是通过模式建构,以模式为直接对象来从事客观实体量性规律性研究的科学.

(2)由于数学模式是抽象思维的产物,思维活动又总是按照一定的模式进行的,因此,在这种意义上,外在的数学模式就可看成内在的思维运动模式的直接表现.就数学的认识论问题而言,以下的事实特别重要,即不同的思维运动模式必然导致不同的量化模式.例如,无限观的不同就直接导致了关于无限的不同的数学模式,如直觉主义的潜无限型模式、Cantor 的实无限型模式及所谓的"双相无限型"模式等.正因为不同的数学模式是不同的思维运动模式的直接表现,对不同的、甚至是互相对立的数学理论(如无限的各种不同的数学模式),我们就不能轻易地采取绝对肯定或绝对否定的态度.事实上,由前面的讨论已经知道,数学对象的逻辑定义是一种重新"构造"的过程,即其中必定包含了对真实的脱离,进而,数学理论的实际应用也必然包含了抽象的过程,是一种近似的应用.因此,我们就不能依据理论在实际中的应用,对其现实真理性做出绝对肯定或绝对否定的判断.故数学

---

①关于直觉主义可参见:夏基松,郑毓信著《西方数学哲学》(人民出版社,1986)或郑毓信,林曾著《数学逻辑与哲学》(湖北人民出版社,1987).

理论的现实真理性只是一个相对的概念,在不同的理论之间也仅有程度上的差异.一般地说,任何一种直接或间接地建立在对于客观实在的合理抽象之上的数学理论都具有一定的现实真理性,同时必然具有一定的局限性.因此,我们就不能对其采取绝对肯定或绝对否定的态度.

(3)现实真理性的相对性显然更为清楚地表明了引进另一种真理性概念——模式真理性的必要性.具体地说,模式真理性的概念可以表述如下:如果一种数学理论建立在合理的数学思维之上,即可认为确定了一个量化模式,这一理论就其直接形式而言则可以是关于这一模式的真理.对于"数学思维的合理性"(亦即"思维运动模式的合理性")可以通过对数学思维形式的具体考察做出分析,对此我们已在另文《数学抽象的定性分析和定量分析》中做了初步的探索.这里要强调的是,就各个具体的实例而言,关于数学思维活动合理性的判断在很大程度上是直觉的和美学的(从而,也是自足的).这就如同著名数学家 J. von Neumann 所说,我认为数学家无论选择题材还是判断成功的标准,都主要是美学的,数学家成功与否和他的努力是否值得的主观标准,是非常自足的、美学的,不受(或近乎不受)经验的影响.(参见《数学史译文集》,上海科技出版社,1981)数学家 A. Robinson 也曾写道:"这是一个事实,就是已经组织起来的数学世界在很大程度上是按照我们关于数学美及纯粹数学的重要性的直觉组织起来的."直觉,特别是审美直觉之所以能在形式的数学研究中发挥如此巨大的作用,以致被认为为理论的选择和评价提供了"独立的"标准,其根本原因是因为直觉和美感都是人类整个认识框架的有机组成部分,而这种认识系统的有效性又是为长期的实践所证实了的.也正因为此,模式真理性就是从属于现实真理性的.

(4)在此还可对悖论的问题做一简单分析.由于悖论是一种形式矛盾,悖论在数学中的出现就直接表明了存在着两种互相对立的模式.由于数学模式在一定意义上可看成思维运动模式的外部表现,各种不相同的,甚至是互相对立的模式的存在就是不足为奇的[1].这表

---

[1]除去主观因素以外,我们还可结合其客观基础对悖论的实质做出进一步的分析.

明单纯地为了制造悖论而把两种互相对立的模式人为地凑合在一起是毫无意义的.但是,由于悖论的出现清楚地表明了有关模式的局限性,从而也就直接促进了关于新的模式(在这种新的模式中,原先的矛盾将得到"消解")的研究,因此在上述的意义上,对悖论的研究是有积极意义的.

(5)Popper曾经指出:"我所认为特别重要的,并不是世界3单纯的自治性……而是我们自身与我们作品之间的关系,以及我们可以由此而获得的东西."我们也可从这样的角度对数学的认识论问题做出更为一般的分析:

第一,由于数学世界可看作另一类(与真实世界不相同的)独立存在,又由于这种相对独立的数学世界为数学研究提供了直接的对象,我们即可以以既定的概念和理论为"素材"去从事新的创造活动,从而进一步丰富数学世界的内容.因此,数学的认识活动在一定的限度内就可以单纯凭借世界2(思维活动)与世界3(数学世界)之间的相互作用而得到发展和深化,即

由此可见,传统的认识公式就是一个过分简化的模式:

实践 ⟶ 认识 ⟶ 再实践 ⟶ 再认识 ⟶……

第二,除提供了直接的工作对象以外,数学世界对人们的认识活动还具有规范和调节的作用(对此,Popper称之为世界3对于世界2的"反馈作用").例如,前面已经指出,数学模式可以看成思维运动模式的直接表现.但是,除这种由内在的思维模式向外在的数学模式的转化以外,同时也还存在反方向上的转化.这就是说,一个数学模式在得到建立以后,如果被证明是十分有效的(这取决于社会实践和数学实践的检验),就会为大多数人所接受,并成为整个思维模式的有机组成部分.例如,关于时间的直线型模型就是这样的例子[①].一般地说,

---

① 由前面的讨论显然可以引出这样的结论:我们可以,而且应当发展关于时间的其他的可能的模型.例如,利用Cantor的超穷数理论即可建立多层次的时间模型,即把时间想象成一种具有多次延伸和穷竭过程的复杂对象.在这种模型中,我们就可研究"第一推动"和"世界末日"的问题——当然,这里所说的"第一"和"末日"并非是指绝对的完成,而是指相对的穷竭.对此可参见郑毓信,刘晓力合写的文章《数学的无限与哲学的无限》,载《内蒙古大学学报》,1987(2).

既然数学是对于模式的研究,而思维活动又总是按照一定的模式进行的,我们也就应当充分肯定数学研究的普遍的认识论意义①,这也是促使人们去谈及"数学文化"的一个重要原因.

(6)由于模式观的本体论与数学哲学中的实在论(Plato 主义)有着重要的区别,而对于数学现实真理性的强调即是对于数学经验性的直接肯定,因此,这里所倡导的模式观的数学哲学理论就是与先验论的数学观(无论就 Plato 主义的先验论而言,还是就分析真理论而言)直接对立的.当然,作为问题的另一方面,我们又应明确地反对狭隘经验论的观点.事实上,前面的分析即已表明,数学的认识可以独立于社会实践而得到一定的发展,我们也可单纯依据数学的实践来判断抽象的数学理论的模式真理性.因此,我们就可在相对的意义上去谈及数学的先验性.或者更准确地说,我们应当同时肯定数学的经验性和拟经验性.

---

①著名数学家和哲学家 Whitehead 也曾从这样的角度对数学的认识论意义进行过分析.对此可参见《数学哲学论文集》,知识出版社,1986.

论自然数列的二重性与双相无限性及其对数学发展的影响[①]

1 一个值得注意的历史现象

人们普遍认识到"光"的一些表面现象,但只有很少一部分人能真正理解光的"二象性"(粒子性与波动性)的本质.类似地,受过教育的人们普遍知道自然数 $1,2,3,\cdots,n,n+1,\cdots$ 的无限延伸性,但看来也只有少部分人能真正洞察自然数列的"二重性"(内蕴性与排序性)的本质.

一个发人深思的历史现象是,凡曾深入地研究过离散数学(如代数学、数论)的数学家们(如 Gauss、Galois、Kronecker、Weyl 等),普遍坚持自然数列的潜无限观点.另一方面,大多数致力于分析学的数学家们(如 Dedekind、Cantor、Weierstrass、Hilbert 等),则往往接受自然数列的实无限观点.人们不禁会问:这种历史现象是偶然的吗?

如大家所知,属于直觉主义派的潜无限论者 Weyl 曾申辩说:"我确信并不存在明显的证据以支持关于自然数总体存在性的信仰……自然数序列永远处在创造着的状态中,而不是一个本来就存在着的封闭王国."可是,Cantor 集合论的出发点,就是首先肯定全体自然数作成一个具有超穷基数 $\aleph$ 的真无限集 $\{n\}$,作为无穷序集来看,就是承认自然数列 $1,2,3,\cdots,n,\cdots$ 是一个从延伸到穷竭的完成了的实无限过程.Hilbert 是 Cantor 无穷集合论的热烈拥护者,他曾说:"没有人能把我们从 Cantor 为我们创造的乐园中开除出去."逻辑主义学派的代表人物 Russell 等实际上也赞同实无限的观点.现代数学教育实际上

———————————
①原载:《工科数学》(现代高等数学国际研讨会论文集),1994(s1):1-8.

已把集合论作为公认的数学基础来讲授.

本文中的分析将表明,上述历史现象的出现确实有其客观必然性.

2　自然数列的二重性与双相无限性

所谓"内蕴性"是指自然数列所具有的内在性质.它们表现为自然数之间的各种特定关系,如约数、倍数、互素、整除、同余、平方和或高次幂和的可表示性等.所谓"排序性",是指自然数列所具有的宏观的外在性质,表现为自然数总体上可按顺序排列的特征,它已由 Peano 公理作了规范化的确定.这两种性质说来简单,但它们各自所包含的内容意义和思想特点却十分隐蔽而并非一下子能看得清楚,故有待深入的剖析.

自然数的内蕴性具有如下特点:

(1)内蕴性随着自然数列的延伸而不断趋于复杂化,新的性质不断产生.例如,n 与其后继 $n+1$ 就可以有完全不同的内蕴性质.(例子不胜枚举,读者不难自行举出)

(2)内蕴性是在能行的构造活动中被发现的,相关的运算必须能在有限步骤内按确定规则完成.如果某一数学对象尚未构造出来,就无法判定其内蕴性质.比如,素数的一些分布性质就是在构造出来之后才能确定的.可以发现在 9 999 900 与 10 000 000 之间存在 9 个素数,而在 10 000 000 与 10 000 100 之间只存在两个素数.这一分布特点在未构造出来之前是无法确定的.又例如,谁也不知道 π 的十进位小数展开式将在何处出现或永不出现相续的 100 个 9.因为这是一种内蕴性质.数论和代数的绝大部分内容都具有内蕴性质,因而都离不开能行的构造和运算.

(3)不断延长的自然数列的内蕴性是认识不完的.事实上,自然数列中层出不穷的内蕴性不可能穷尽地被构造出来,当然它们也就不可能作为无穷整体对象来把握(认识).所以,从内蕴性角度看待自然数列(即着眼于含有内蕴性质的自然数列),只能视之为潜无限,其模式可记为

$$\overrightarrow{N}:1,2,3,\cdots,n,n+1,\cdots$$

这表明具有内蕴性的自然数永远处在不断创造的进程中,数列可以不断延伸而永无尽头.因此,它表现为一种"开放性"系统.在数学哲学上,有时称"潜无限"为"消极无限""假无限"或"恶无限".

潜无限自然数列在每一具体环节上还是有限的,而有限数量的无限增长只是一种潜在的、永远不会终结的可能性.这种潜在性质也是一种内蕴性质,它需要在能行的构造过程中不断实现.

与内蕴性相对应,排序性具有如下特点:

(1)排序性是自然数列的整体性质,是数列所具有的一种最单纯的序结构性质.$n+1$仅作为其前趋 n 的一个后继(successor),而并不考虑它所涉及的任何数论性质.Peano 公理只是强调,每一自然数 a 都有一后继;如果一个由自然数组成的集合 S 含有 1 及任一自然数 a,它一定也含有 a 的后继的话,则 S 就含有全部自然数.由此看来,纯粹从排序性出发,可以把整个自然数列看作一个集合(有序集合).

(2)对排序性的把握无须能行的构造活动,只要准确地预见出自然数列的发展趋势,无须逐一构造出所有中间环节.数学分析所处理的大量包含序结构的数量关系都具有这一特点.比如,数列极限、上下确界、实数的无穷小数展开式、抽取子序列等,无不以对排序性的整体把握为基础.

(3)从排序性角度看待自然数列的整体,就必须将它视为实无限,其模式可表示为

$$\bar{N}:1,2,3,\cdots,n,n+1,\circ\circ\circ$$

这里,"$\circ\circ\circ$"表示完成了的无限过程.这就是说,$\bar{N}$ 表示自然数列经由延伸到穷竭(through extension to exhaustion),而成为一个包含一切自然数作为其成员的无穷总体(infinite totality),即实无限有序集合$\{n\}$.实无限也称"真无限"或"绝对无限",它表示已经完成了的(延伸达于终止的)无限过程.在哲学上,Hegel 曾将无限称之为"going-together-with-itself"(这是从德文著作中译过来的英文术语,见《黑格尔全集》英译本),中文译为"进展之自我完成".Cantor 把自然数集合看成"从延伸到穷竭的产物",其基本思想与此相合.易见两者都是单纯地从排序性角度出发来考虑问题的.

事实上,单纯从排序性出发,只须借助于物理学中的运动概念,就

可以直观地把握自然数列的整体性概念,即具有实无限性的有序集概念. 比如,可以设想在坐标轴上一个动点从坐标点 1 处向原点 O 滑动,则当该动点达到原点 O 时,它就通过了无穷点集(数集).

$$\left\{1, \frac{1}{2}, \frac{1}{3}, \cdots, \frac{1}{n}, \cdots\right\}$$

中的一切点,又因为 $\frac{1}{n}$ 和自然数 n 作成一一对应,所以,"一切自然数"(一切有限序数)这个概念也就被确定下来. 在大学理工科数学教学中,可以发现大多数学生正是从类似直观想象中去理解自然数集合的.

综上所论,内蕴性(inner implication property)是潜藏于自然数列中的"微观属性",排序性(ordering property)则是自然数列所显示的"宏观本性". 着眼于内蕴性的自然数列给出潜无限模式 $\vec{N}$,而着眼于排序性的自然数列则导致实无限模式 $\overline{N}$. 因为自然数列兼具有上述的二重性本质,从而能有两种形式上对立而相合的模式,所以,自然数列本质上是一种"双相无限结构".

如果说,基于微观分析的自然数列的内蕴性可比作光的"粒子性",而带有宏观全局性质的排序性类似于光的"波动性",则自然数列的"二重性"(由此决定的"双相无限性")也就在一定意义上类似于光的"二象性". 在科学史上,对光的"二象性"本质的认识曾有过曲折的过程. 显然,类似的情况也出现在人们关于自然数列双相无限性本质的认识过程中. 下面,我们还要对第一节中述及的历史现象做一反思.

3 关于历史现象的反思和注释

在历史上,那些对数论和代数学一些分支有过精深研究的数学家们,常常要对自然数的内在结构性质做分析,而自然数的内蕴性是不可能推广到无限领域的,所以,他们的心目中很自然地接受自然数列的 $\vec{N}$ 模式,而不会去设想模式 $\overline{N}$ 的可能性. 另一方面,分析学家则面对种种极限过程问题和无穷点集的诸如聚点等分析问题,无法避开自然数列(作为序号用的数列)的实无限模式 $\overline{N}$. 例如,早年曾研究过三角级数的 Cantor 就曾在他早期的一篇论文中表白说,他在实际上是被迫去引进实无限概念的. 如此看来,我们在第一节中所提到的历史现象,其所以会出现的客观原因也就十分明白了.

时至今日,当我们弄清楚自然数列的二重性及其所表现的双相无限性之后,再来反思当年有关数学基础问题诸流派之间涉及无限的争论问题,就可看出争论各方都只坚持一个模式而排斥另一模式,那就是争论的根源所在.显然,直觉主义派和非直觉主义者的观点都是片面的,他们都始终坚持自然数列的单一性模式,所以,他们都只占有真理的一半.例如,Weyl 在他申辩中所表明的观点(参见文献[15]),实际上只有针对具内蕴性的自然数而言才是正确的.所以,Weyl 的话也只说对了一半.

4 自然数列的二重性对数学发展的影响

由于自然数列的内蕴性主要同一些离散数学分支的研究成果相联系,而排序性主要同数学分析、拓扑学、超穷集合论、实变函数论及泛函分析的研究成果相联系,所以内蕴性和排序性的关系就成为沟通诸数学领域的一条重要思想纽带.由于侧重于自然数列二重性的某一方面,相应地便形成了潜无限的研究模式和实无限的研究模式.例如,递归函数理论、Hilbert 的"证明论"、计算复杂性理论、现代计算数学中各种计算方法研究以及实用统计数学等,实际上都是遵循潜无限的研究模式发展起来的.另一方面,除了直觉主义派坚持去探讨的"构造性分析学"之外,经典分析学与现代非标准分析学诸分支的发展,都以实无限研究模式作为其共同基础.

顺便可以提到的是,1982 年本文作者之一曾同朱梧槚、袁相碗、郑毓信等利用超实数域(hyperreal field)$^*R$ 作出了一个"非 Cantor 自然数模型"(non-Cantorian model for natural numbers)(参见文献[10]),它实际上是一个显示了潜无限和实无限相互渗透的模式.这说明,就自然数列而言至少存在着三种模式,同一种数学对象可以有两个或两个以上的不同模式.这也说明,在一般数学研究中,我们应接受"模式多元论"的观点.

数学发展史表明,数学家们在实际工作中早就自觉或不自觉地选用不同的无限模式去研究不同领域的问题.对此作为简单总结,可以陈述如下一个"工作原则"以供青年数学研究工作者作为参考:

凡涉及自然数内蕴性内容的数学问题或命题,以采用直觉主义派的构造性原则及方法为宜;凡只用及自然数序号性(排序性)的分析学问题或命题,则可以利用非构造性观点的纯粹存在性概念及证法.前者在论述过程中应避免使用一般意义下的排中律,后者可应用实无限研究模式,从而允许使用排中律及反证法.

5　分析学中的极限过程与双相无限

不妨通过举例来说明问题.

(1)试考察自然对数底 e(超越数)的无穷级数表示式

$$1+\frac{1}{1!}+\frac{1}{2!}+\cdots+\frac{1}{n!}+\cdots=e$$

如果级数中项数的递增只是一种潜无限进程,则其和将永远是一个有理数,虽然逐步逼近数值 e,却不能精确地得到 e. 由此可见,级数项数的递增是一个实无限过程. 换言之,在其等价式

$$\lim_{n\to\infty}\left(1+\frac{1}{1!}+\frac{1}{2!}+\cdots+\frac{1}{n!}\right)=e$$

中,"$n\to\infty$"意味着变数 n 必将走遍一切自然数(否则,若 n 只处于 $\vec{N}$ 中,则数列

$$r_n=1+\frac{1}{1!}+\frac{1}{2!}+\cdots+\frac{1}{n!}$$

将永远保持有理数属性). 因而,从哲学上讲,只有通过 $\overline{N}$ 才能产生质的飞跃从而产生不同于有理数的超越数 $e=\lim_{n\to\infty}r_n$.

在这里,"$n\to\infty$"既包含潜无限性质,又包含实无限性质,它在本质上具有双相无限性.如果只注重级数中的每一项的结构及其关系,其内蕴性是明显的.然而在极限过程中,往往把自然数列作为变量的标号序列来使用,这就只用到自然数列的排序性,而且人们主要关注极限过程完成时所达到的极限状态,于是,内蕴性和潜无限的性质便降到次要位置,而只突出排序性和实无限的性质.当然,实无限是要通过潜无限来刻画(表现)的,级数各项的内蕴性质最终会对极限过程的结果有所影响(因而,可以进行计算),但仅仅靠内蕴性和潜无限性质绝对不可能完成极限过程,必须把内蕴性的潜无限和排序性的实无限结合起来,才能完成极限过程.这一点是至关重要的.

(2)在 P. J. Davis 和 R. Hersh 合著的《数学经验》一书第 4 章第 7 节中,考察了方程

$$\frac{1}{2}+\frac{1}{4}+\frac{1}{8}+\frac{1}{16}+\cdots=1$$

并认为"方程左边似乎是一种不完全的东西,一种无限的努力.右边则是有限和完全.两边之间的张力就是力量和悖论的源泉."事实上,这里不完全的东西之所以能变成完全的东西,无限的努力之所以能取得有限的结果,就在于通过实无限过程发生了质变.如果只有潜无限过程,那么不完全的东西将永远是不完全的东西,无限的努力也将永远不会取得具有确定性的有限的结果.

(3)在数学分析中,常用的 $\varepsilon\delta$ 及 $\varepsilon\text{-}N$ 陈述方式,实际上,这是借助于潜无限形式对应地表达实无限过程的一种模式.例如

$$\lim_{n\to\infty}r_n=r\Leftrightarrow\forall\varepsilon>0,\exists N=N_\varepsilon>0,使得|r_n-r|<\varepsilon,n>N$$

注意,正是由于 ε 的完全任意性,才使得只要当上述表示式恒为有效,则就隐含了 ε 趋达于 0 的结果,相应地,n 要经历自然数列的实无限过程.

(4)Dedekind 的"割切理论"是借助于有理数集定义实数(包括无理数)的方法.根据有理数的稠密性不难利用割切理论证明这样一个命题:对任意已知实数 α,均必存在一个收敛的有理数序列 α_n,使得 $\lim_{n\to\infty}\alpha_n=\alpha$,这里的"$n\to\infty$"具有(1)中所描述的双相无限性.

特别地,如用 $[\alpha]$ 表示正实数 α 的整体部分,并采用十进制小数表示法,则 α 可表示为

$$\alpha=[\alpha]+0.(\alpha)_1(\alpha)_2(\alpha)_3\cdots(\alpha)_n\cdots$$

其中,诸 $(\alpha)_n(n=1,2,3,\cdots)$ 为十进制数字,也即在集合 $\{0,1,2,3,4,5,6,7,8,9\}$ 中取值的数字.根据上述命题,如上所示的小数展开式是一个实无限过程,换言之,数字序号 n 走遍 $\overline{N}$.

6   关于 Brouwer 反例的评注

直觉主义者 Brouwer 曾作出一个实数 Q,它的取值为正、为负、为零三种情况不可确定.换言之,$Q>0,Q<0,Q=0$ 三者中的任一情况在实际上都无法判定.这就是关于实数三分律的所谓的"反例".此反例在 P. J. Davis 和 R. Hersh 合著的《数学经验》一书第 8 章第 2 节中

有详细的介绍.

考虑圆周率 π 的十进制小数展开式

$$\pi = 3.(\pi)_1(\pi)_2(\pi)_3\cdots(\pi)_n\cdots$$

其中,$(\pi)_n$ 为小数表示法中的第 n 位小数.根据 π 的解析表达式(如收敛的级数表达式),人们总可以一步一步地把 $(\pi)_n(n=1,2,3,\cdots)$ 计算出来.用直觉主义者的说法,就是能用有限多步的算法把 $(\pi)_n$ 构造出来.但他们认为上述展开式虽具有潜在的延伸性,却不可能是一个"完成了的对象".换言之,序号 n 的递增只属于 $\vec{N}$,而不是属于 $\bar{N}$ 模式.意思是,$(\pi)_n$ 可以逐步地被构造,但不可能对所有 n 穷尽地构造完毕.

Brouwer 按可构造性观点再来界定一个数 $\hat{\pi}$.这个数 $\hat{\pi}$ 很像 π,构造 $\hat{\pi}$ 的规则是:把 π 展开到我们发现有一排 100 个连续的数字 0 为止,在达到这最先出现的 100 个连续的 0 之前,规定 $\hat{\pi}$ 的展开式和 π 的展开式相同(如果一直不出现有一排 100 个 0,则 $\hat{\pi}=\pi$).假定最先出现的 100 个连续的 0 开始于第 n 位数字.如果 n 是奇数,令 $\hat{\pi}$ 终止于第 n 位(此时,$\hat{\pi}-\pi<0$);如果 n 是偶数,令 $\hat{\pi}$ 的第 $n+1$ 位数是 1(此时,$\hat{\pi}-\pi>0$).

上述规则表明:当且仅当 π 不含有 100 个 0 的小数序列时,$\hat{\pi}=\pi$.如果 π 含有这种序列,则易见,当序列开始于奇数位时,

$$Q=\hat{\pi}-\pi<0$$

当序列开始于偶数位时,

$$Q=\hat{\pi}-\pi>0$$

但实际上,不管现代计算机在计算 π 的小数展式时如何神速,或将小数位数延伸得多长,都无法发现有一排 100 个 0 的数字序列,同时也无法断言后面永不会出现 100 个 0 相连的现象.因为,位数 n 的增长毕竟属于 $\vec{N}$ 模式.

因此,Brouwer 认为他所构造的 $Q=\hat{\pi}-\pi$ 这个数,其所相应的复合命题"$Q<0$ 或 $Q>0$ 或 $Q=0$"在实际上是不能确定的,故有悖于实数的三分律(trichotomy law).

显然,假如将来有一天将 π 的小数展式真的展开到几亿位或几十亿位数字后居然出现了有 100 个 0 相续的序列,则 Q 的正负性也就完

全被确定了. 为了使 Brouwer 的"反例"最能真切地体现直觉主义潜无限论者的本意,南京大学的莫绍揆先生建议将 $\hat{\pi}$ 的构造规则略做如下修改.

如将一排 100 个 0 相续的状况称之为一个"百零排",则若有 300 多个 0 相续,则就认为有三个"百零排". 兹分三种情况来构造 $\hat{\pi}$:

(1)当且仅当 π 的小数展式不包含一个"百零排"时,令 $\hat{\pi}=\pi$.

(2)当 π 的小数展式中出现奇数个"百零排",且第一个百零排的第一个数字是 $(\pi)_n=0$ 时,令 π 的小数展式终止于 n 位而记作 $\hat{\pi}$.(故 $\hat{\pi}-\pi<0$)

(3)当 π 的小数展式中出现偶数个"百零排",且首排首数为 $(\pi)_n=0$ 时,令

$$\hat{\pi}=3.(\pi)_1(\pi)_2\cdots(\pi)_n1 \quad (\text{从而 } \hat{\pi}-\pi>0)$$

由于 Brouwer 坚持认为 π 的小数展式只是一个永不能完成的潜无限序列,故上述(1)~(3)三种情况都是不能确定的.因此,

$$Q(=\hat{\pi}-\pi)=0, \quad Q<0, \quad Q>0$$

中的任一情况都是无法肯定或否定的.

然而,只要我们承认自然数列的实无限观点,就可导出有理数集的实无限概念,从而就会肯定 Dedekind 关于"实数理论"的数学模式真理性,由此就有第 5 节(4)中的有效命题:"凡实数均具有实无限过程型的小数展开式". 作为推论,凡是任何无理数表成十进制无尽小数时都是完成了的实无限过程,其中,小数位的序号 n 走遍一切自然数.

因此,采用"实无限模式观"来考察 π 的小数展开式时,对于确定的实数 π 而言,根据上述命题或其推论,自然就可断言它的小数展开式是一个完成了的实无限过程.实际上,这里出现的是一个纯分析学问题,作为序号用的自然数列的整体性(排序性)是最本质的.因此,再使用第 4 节之末所述及的"工作原则",即可采用排中律来分析 π 的小数展开式中的数字 0 的各种分布可能性问题.

如上所述,正是因为 π 的展式中所出现的诸数字构成一个真无限序集 $\{(\pi)_n\}(n\in\overset{\smile}{N})$,故使用二次排中律即可断言前述(1)、(2)、(3)三种情况中必有且只有一种情况为真.因此,Brouwer 所构造的 Q 必然满足实数的三分律.

至于情况(1)～(3)三者中究竟是哪一个成立的问题,看来还是一个不易解决的难题,固然从数学模式形式客观性原理(或数学中的现代 Plato 主义)的观点来看,问题总是有一个答案的. 我们希望对"Brouwer 反例"感兴趣的读者能继续研究下去.

参考文献

[1] 徐利治,王前. 数学与思维[M].长沙:湖南教育出版社,1990.

[2] 朱梧槚.几何基础与数学基础[M].沈阳:辽宁教育出版社,1987.

[3] 徐利治,朱梧槚,郑毓信.数学方法论教程[M].南京:江苏教育出版社,1992.

[4] 徐利治.数学方法论选讲[M].武汉:华中工学院出版社,1983.

[5] 王前.数学哲学引论[M].沈阳:辽宁教育出版社,1991.

[6] Hegel G W F. Georg Wilhelm Friedrich Hegel.“论无限”部分

[7] 戴维斯 P J,赫什 R.数学经验[M].王前,俞晓群,译.南京:江苏教育出版社,1991.

[8] 希尔伯特 D.论无限[J].外国自然科学哲学摘译,1975(2).

[9] 克莱因 M.古今数学思想(Ⅰ～Ⅳ)[M].上海:上海科技出版社,1979～1981.

[10] 徐利治,朱梧槚,袁相碗,等.悖论与数学基础问题(Ⅰ)[J].数学研究与评论,1982,2(3):99-108.

[11] 道本 J.康托的无穷的数学和哲学[M].南京:江苏教育出版社,1988.

[12] 罗宾逊 A.非标准分析[M].北京:科学出版社,1980.

[13] 郑毓信.数学哲学新论[M].南京:江苏教育出版社,1990.

[14] 徐利治,郑毓信.数学模式论[M].南宁:广西教育出版社,1993.

[15] Weyl H. Philosophy of Mathematics and Natural Science[M]. Princeton:Princeton Univ. Press,1949.

简评数学基础诸流派及其无穷观与方法论[①]

1 诸流派产生的历史背景

我们在《简论数学公理化方法》一文中,已论及数学系统的相对相容性证明,这里不再赘述. 简言之,罗氏几何的相容性证明,相继归结为 Euclid 几何、Dedekind 实数理论、自然数系统、集合论的相容性证明. 然而,集合论的相容性正处于严重"危机"中.

在非欧几何获得普遍接受及其相对相容性得到证明之前的很长的历史阶段中,人们几乎确信数学真理就是绝对真理. 例如,Kant 就把 Euclid 几何看成是关于空间的绝对真理,即所谓先验的综合判断. 然而,随着 Poincaré 模型的出现,人们相继发现 Euclid 几何中平行公理外的每条公理在罗氏空间的极限球上均得以成立,从而,Euclid 几何的相容性反过来也可借助于非 Euclid 几何的相容性来保证. 这样,平行公理完全相背的两个几何系统竟然是互为相容的,这就直接否定了上述数学真理就是绝对真理的观点. 待至各种几何系统在空间曲率概念和群论观点下获得统一的时候,人们则更加发现,这些至少是部分地矛盾的几何居然都能用来描述物理空间! 我们真不知道,对于物理空间来说,究竟哪一种是真实的了. 在部分数学家那里,甚至于否定数学的真理性而走向了相对主义.

在数学史上,数学新思想、新方法的出现以及新学科、新分支的产

①本文选编自《略论近代数学流派的无限观和方法论》,吉林大学社会科学论丛,1980(1):76-91 和《数学方法论选讲》(第 2 版),华中工学院出版社,1998.

生,都是屡见不鲜的.但是,像集合论这样一门数学的出现竟引起了轩然大波和长期争论不休的局面却还是少见的.时至今日,尽管集合论的普遍思想方法已经渗透到各门现代数学的基础部分,但是,世界上仍然有许多数学家(例如直觉主义者)对经典集合论的主要内容始终采取拒绝或怀疑的态度,即使对公理化集合论也并不欣然接受.

这是容易理解的:Cantor 于 1875 年所创立的集合论第一次把各种"无穷集合"作为数学对象来研究,并且把传统逻辑中的一些推理规律搬用到无穷对象上来,而 Cantor 所引入的那些概念、定义和方法是那样的素朴、宽广且自由无羁,以致人们很快便发现了一系列"集合论悖论"——在逻辑上自相矛盾的命题.这样,集合论遭受人们的非议和抨击自然是不可避免的.

大家都知道,逻辑学上有个古老的"剃头匠悖论".它是说,"一个剃头匠只给村子里不自己剃头的人剃头.试问这个剃头匠给不给他自己剃头呢?"显然,不论他是否给自己剃头都会导致矛盾.Russell、Zermelo 正是从这里得到了启示,于 1930 年发现了一个被 Hilbert 称之为"在数学界产生了灾难性作用的"集合论悖论,即我们在《悖论与数学基础(Ⅱ)》一文中所说的"Russell 悖论".

还有关于超穷序数的 Burali-Forti 悖论.它表明经典集合论的推理方式会导致自相矛盾.

但是另一方面,人们很早就发现集合论的思想方法对分析数学的严格化过程(亦即奠基过程)确实是起了重大作用的.假如没有集合论,就不会有精确化的实数理论,也就谈不到如何去建立纯正的分析学与实变函数论.因此,到了 1925 年,近代形式公理主义派的创始人 Hilbert 在主题为"论无限"的著名讲演中,不得不再次呼吁数学界去正视和拯救集合论的危机.例如,他在讲演中说:"……必须承认,在这些悖论面前,我们目前所处的境况是不能长期忍受下去的.人们会想:在数学这个号称"可靠性和真理性的模范"里,每一个人所学的、教的和应用的那些概念结构和推理方法竟会导致不合理的结果.如果数学思考也失灵的话,那么应该到哪里去寻找可靠性与真理性呢……"

数学是演绎推理性质的学科,所以从形式上看,数学命题的真理性是建立在公理的真理性和逻辑规则的有效性之上的,本来即使在上述"数学真理是绝对真理"这一观念受到冲击之后,数学家还可以用逻辑推理的严格性来作为精神支柱,并以此解释数学在应用中的有效性,但由于悖论的出现,这一精神支柱也动摇了.这就不能不在数学家中形成了"危机感".

由此看来,人们去正视并力图摆脱集合论危机的热情,并非仅仅为了要挽救集合论分支本身的目的而产生的,而是由集合论所反映的"概念结构和推理方法"的普遍重要性这一事实所激发出来的.

正因为数学面临着这样的"危机",才促使数学家们去探索数学推理在什么情况下有效,什么情况下无效,数学命题在怎样的情况下具有真理性,在怎样的情况下失灵.为了给兴建中的数学大厦寻找更坚实的基础,在本世纪初,数学基础论这一分支就诞生了.摆在从事数学基础问题研究的数学家面前的首要任务,就是为数学的有效性重新建立可靠的依据.由于在这一工作中所持的基本观点不同,才在数学基础论的研究中形成了多个不同流派,即著名的逻辑主义派,以 Russell、Whitehead、Carnap 为代表;直觉主义派,以 Brouwer、Weyl、Heyting 为代表;形式公理主义派,以 Hilbert、Bernays、Ackermann 为代表.这三派的观点和主张对现代数学的发展有着不同程度的影响,尤其是后两派的观点至今仍在各自活动范围内起着积极的推动数学研究工作的作用.

2 略谈 Cantor 的无限观和方法论

前面已经说到,集合论的危机主要来源于悖论的发现.而悖论的产生,正如 Hilbert 早已指明的,乃是由所论对象的"无限性"决定的.所以,问题的根源还在于"无限性"问题.

Cantor 是根据怎样的观点和原则来处理"无限性对象"的呢?他用以建立集合论的基本思想方法包含哪些主要原则呢?扼要说来,Cantor 是带着"理性绝对自由"的观点和信仰来思维无限性对象的.首先,他曾给集合下了一个非常宽泛(未免过分素朴)的定义:"凡是把一定的并且彼此可以明确识别的东西——它们可以是直观的对象,也可以是思维的对象——汇集在一起,便称之为集合".例如,最简单、最常见的集合有"自然数集合""有理数集合"和"实数集合"等.这些都是无穷集合,因为其中的成员(元素)都有无限多个.

Cantor 从当时早已存在的数量概念和数目的形式方式中抽象出三个基本原则,即"对应原则""延伸原则"和"穷竭原则",并把它们无拘无束地漫无边际地应用到无穷事物的对象上去,再加上一系列逻辑演绎,便构成了他自誉为"理性自由创造的世界"的抽象集合论与超穷数论.

为便于阐明事情的实质,不妨以"自然数集合"为例来说明 Cantor 的基本观点.首先,从直观上看,自然数序列

$$1,2,3,\cdots,n,n+1,\cdots$$

是个逐步延伸的进程.从 n 到 $n+1$ 便是它的延伸法则,亦即通常自然数定义里的"继元"法则.

长久以来人们对自然数序列的各种不同看法,正好反映出人们在无限观上的各种根本分歧.19 世纪的著名数学家 Gauss 和 Kronecker 都认为,自然数永远只是处在不断创造之中,它们永远也不能摆脱"有限性",因此,要把自然数序列看成是可以穷尽的序列乃是荒谬的事.

但是,Cantor 的观点恰恰和 Gauss、Kronecker 的观点相反,Cantor 认为可以考虑"一切自然数"这样的概念,即可以考虑整个完成了的自然数序列.这里,实际上他利用了"穷竭原则",即认为自然数序列作为不断延伸的进程,可以从延伸到穷竭,由此产生了一个完成了的过程.这个过程(即完成了的自然数序列)包括无限多个自然数,所以,可以作成一个真正的无穷集合.

按照 Hegel 的哲学观点来分析,Gauss、Kronecker 应该归入"消极无限"派,因为他们只接受"潜无限"的概念.Cantor 属于"真实无限"派,因为他在理性上肯定了"绝对无限"的概念,即实无限概念.这里顺便提一下,哲学上两派无限观的对立斗争,实际上古已有之.例如,从 Hegel 的《哲学史讲演录》中即可看到一些有趣的历史.又从 Russell 的《数学原理》一书中也可看到关于两种无限概念的讨论.

如上所述,自然数作成的有序集合 $\{1,2,3,\cdots,n,\cdots\}$ 可以认为是从延伸到穷竭的产物.实际上,Cantor 的一套富于成果的思想方法正是从这里抽象发展出来的.例如,他全部方法论中的重要原则之一是:"从延伸到穷竭的一般方法原则,不仅可以施加于自然数序列上,而且

同样地可以用于任意更高阶段的超穷数列上."我们知道,Cantor 正是通过反复地、精细地运用上述原则,才成功地创造了他的超穷数理论体系.懂得集合论的人都知道,诸如所谓超穷归纳法或超穷论法等,实际上也无非是上述原则在特定情况下的具体运用.

可是,任何一项富于成果的方法原则的应用都有一定的限度,超过限度不仅不会产生积极成果,反而会导致谬误.Cantor 集合论之所以不幸,就因为对奠立该理论的方法原则(例如"从延伸到穷竭"的一般原则)没有规定其限度.这样,正是由于抽象原则使用上的随意性,也就必然会导致逻辑上的自相矛盾.所以,集合论中出现种种悖论的现象,反倒是正常的和不足为怪的.现代"公理化集合论"正是从这里吸取了教训才建立起来的.

以下三节概略评述三大流派的基本观点和方法.值得注意的是,它们之间有着相反相成之处.

3　逻辑主义派的观点和方法

逻辑主义派的主要代表人物是 Russell.逻辑主义派的主要宗旨是把数学化归为逻辑.也就是说:第一,数学的概念可以从逻辑的概念出发,经由明显的定义而得出;第二,数学的定理可以从逻辑的命题出发,经由纯逻辑的演绎推理而得出.因此,全部数学都可以从基本的逻辑概念和逻辑规则推导出来.这样一来,数学也就成为逻辑的分支了.

逻辑主义的形成,不仅有它的历史背景,还有它自身的历史发展过程.其实,逻辑主义之思想原则的萌芽,亦即把逻辑看成是先于一切科学的观点,可以追溯到 Leibniz,但他本人并没有从事这方面的工作,他的这一想法直到 19 世纪才在 Dedekind、Frege、Peano 等人的工作中得到初步发挥.应该说,逻辑主义的观点在 Frege 的工作中就已基本形成.因为 Frege 明确地提出了数学可以化归为逻辑的想法,而且花费了将近 20 年的时间把算术化归为逻辑(见其巨著《算术基础》和《算术基本原理》).另外,Dedekind 也应该是逻辑主义的创始人之一,因为他在 1887 年所发表的《数的性质与意义》一文中就明确提出了与 Russell 几乎完全相同的主张.当然,Frege 的工作没有超出算术的范围,Dedekind 对自己的所述主张也没有更多的展开,只有在 Russell 和 Whitehead 那里，才把该派的主张详详细细地加以发展，并且真正从相当少的公理和概念出发，导出了大部分数学.

为了弄清 Russell 的数学观，不妨先看一看 Russell 是沿着怎样的道路去从事数学基础理论的研究工作的. Russell 在他的《数理哲学引论》一书中指出："数学是这样的一种研究，它可以按两个方向去进行. 一个是比较熟悉的方向，它是建设性的，即不断增大理论的复杂性……另一个是不很熟悉的方向，即通过分析来达到越来越大的抽象性和逻辑简单性，这里所考虑的已不再是从怎样的假设出发可以定义或演绎出什么结果的问题，而要研究我们能否找到更为一般的思想和原则，从这些思想和原则出发，能使现在作为出发点的东西得以被定义或演绎出来."Russell 在数学基础理论上的研究工作是沿着后面这个不是很熟悉的方向进行的. 那么，Russell 后来所找到的这些更为一般的思想和原则是什么呢？这就是 Russell 所指出的："应当从一些被普遍承认属于逻辑的前提出发，再经过演绎而达到那些明显地属于数学的结果."而这也正是实现逻辑主义根本宗旨——把数学化归为逻辑的根本做法.

从逻辑主义的形成和历史发展来看，逻辑主义的工作可以划分为数学理论的算术化和算术理论的逻辑化这样两个阶段.

19 世纪的最后 25 年，堪称数学理论算术化的时期，许多出色的数学家都投入到这个工作中. 不仅数学分析奠基于实数论，几何也归约到了实数论. 1872 年，Weierstrass、Cantor 和 Dedekind 等人几乎同时完成了实数定义，但无论是 Cantor 的收敛有理数序列还是 Dedekind 的有理数分划，都表明了实数论可被化归为有理数论，进而化归为整数直至自然数系统. 当然，其中已借用了集合论概念. 从而，世所著称的由三个原始概念和五条公理所构成的 Peano 算术公理系统，便成为这个数学理论算术化工作的终结. 人们从 Peano 系统出发，借助于集合论的概念，便可建造算术、分析、几何乃至整个数学大厦. 因而这种数学理论算术化使得许多数学家感到满意，甚至认为无需再前进了. 但对逻辑主义者来说，这只是实现逻辑主义宗旨的第一步，要把数学化归为逻辑，更重要的是所谓算术理论的逻辑化.

Frege、Whitehead 和 Russell 曾借助于纯逻辑概念去定义 Peano

系统的三个原始概念,借助于纯逻辑法则而演绎地引出 Peano 系统的五条公理……他们为此付出了巨大的劳动.后来,Russell 曾经认为,这种算术理论逻辑化的工作已经完成,从而认为逻辑主义的宗旨已经实现.这就是 Russell 自己所说的:"我们发现在这里(指《数学原理》一书——引注)没有一个地方能作出明确的分界线,使得逻辑在其左方,数学在其右方,如果还有人不承认逻辑和数学的同一性,我们就请他来证明,《数学原理》中的哪些定义和演绎可看成是逻辑的终点和数学的起点.""从逻辑中展开纯数学的工作,已经由 Whitehead 和我在《数学原理》一书中详细地做了出来."其实,事情并没有这么简单.数学家们经过仔细分析,普遍认为 Russell 和他的合作者并没有能在《数学原理》一书中实现逻辑主义的宗旨,以上的说法,只能是 Russell 的一个自我安慰而已.

事实上,人们在《数学原理》一书中可以清楚地看到,在他们从"逻辑"出发推导数学命题的过程中使用了集合论的公理,特别是使用了无穷公理和选择公理.因为没有无穷公理,连自然数系统都无法构造,更谈不上全部数学了.人们现已引进了所谓初等公理系统与高等公理系统的概念,凡是无须借助于无穷公理的系统称为初等的;凡是必须借助于无穷公理的系统称为高等的.而算术与几何理论均属高等公理系统,亦即不可能不借助于无穷公理.其次,没有选择公理,则数学中的定理就要砍掉一大批.Russell 和 Whitehead 也在事实上借助了这条公理.那么,这两条公理究竟算不算逻辑公理?这首先又要牵涉到什么是逻辑的问题,按照人们对于逻辑的一般理解,普遍认为纯粹逻辑只涉及形式而不涉及具体事实,亦即作为逻辑法则,只允许讨论可能性对象,而不允许在逻辑法则中做出某物是否存在的断言.但无穷公理恰恰就是一条存在性公理,因为存在一个集合是陈述公理的必然判断,选择公理亦如此,因之普遍认为它们不是逻辑公理.既然开始就借助了非逻辑公理,怎能说全部数学命题均由逻辑规则和逻辑概念演绎推出呢?所以,Frege 在晚年已倾向于放弃逻辑主义的立场.至于 Russell 自己,其实心里也明白,因为他们在使用无穷公理时显得很勉强,正如 Fraenkel 和 Bar-Hillel 所说:"他们是很勉强地走这一步的.""Frege 和 Russell 的理论的严重缺陷在于无穷公理的令人怀疑的状况."王浩也指出,"正是由于要借助于严格的逻辑概念来给出'无限'一个充分根据这一困难,才使 Russell 关于数学与逻辑相等价的理论成为可疑."因此,明摆着的事实迫使 Russell 和 Whitehead 对此进行补救,其补救办法是把所有要用到这两条公理之一才能证明的命题一律改写为条件式命题,亦即不把这两条公理列入他们的系统.但当某数学命题 P 必须借助于无穷公理才能证明时,就把 P 陈述为"如果无穷公理真则 P"等,因而这两条公理就变成诸如此类的每一定理的前提,而不再是特设的公理了.又 Carnap 曾建议采用"坐标语言"而废除"名称语言"的办法补救之,在他看来,只要这样做了,则无穷公理就可以被认为是关于"位置"而非关于事实的断言,而位置则可能是空的.但是,不论是 Russell 的条件式命题还是 Carnap 的坐标语言,都被普遍认为是勉强的做法,也就难以得到大多数数学家的支持了.只有 Russell 等少数人才认为已经借此实现了逻辑主义的宗旨.

另一方面,问题的复杂性还远不止于此.大家知道,要从逻辑导出全部数学,势必要导致无限集理论的展开,而集合论本身矛盾重重的盖子正是从著名的"Russell 悖论"揭开的.但逻辑系统是不允许有矛盾的,因之集合论的悖论必须被排除.

逻辑主义派是承认实无限概念的,同时也接受经典逻辑的推理法则.他们认为悖论的出现是由于忽视了"类型"(types)概念和违反了逻辑上"恶性循环原则"的缘故. Russell 曾明确指出这样的事实:"悖论的产生是由于某种循环.这种循环之所以发生乃是由于假定:一个事物的集合可以包含仅能用该集合的全部来定义的那些元素."

Russell 借以排除集合论悖论的办法是引进"恶性循环原则"而发展他的分歧类型论.但是,这个分歧类型论不仅显得错综复杂而支离破碎,更严重的是由此就不能实现逻辑主义之宗旨.因为恶性循环原则是直接排斥非直谓定义法的,而非直谓定义法的禁止使用就势必要抛弃许多有用的数学概念和命题.因此,有两条路摆在 Russell 面前,或者放弃恶性循环原则,从而也就拆除了防止悖论泛滥的 Russell 式的堤防;或者坚持恶性循环原则,从而也就无法实现逻辑主义的主张.无疑,这两条道路都是 Russell 所不愿意走的.他终于在无路可走的情况下找出了一条虚假的小路,那就是引进可化归公理:任何(广义)公式都可以和一个直谓(广义)公式相等价. 但是,如果我们以公理的形式肯定了任何一个非直谓(广义)公式总可被一个等价的直谓(广义)公式来取代的话,则任一类中较高级的性质就可化归为同一类中较低级的性质,依此类推,便把该类中之分级全部取消了. 从而剩下的就是没有恶性循环原则的简单类型论了. 所以,人们稍加分析,便发现可化归公理的精神与恶性循环原则相冲突. 引入可化归公理后,实质上便取消了恶性循环原则. 因而人们议论纷纷,可化归公理一时成为人们批评《数学原理》之众矢之的. 普遍认为,可化归公理过于人为而不自明,其作用无非是把分歧类型论约化为 Ramsey 的简单类型论,所以,大多数人宁可直接采用简单类型论而不愿意在可化归公理的虚假小道上绕弯路. Russell 最终也放弃了可化归公理,但却又抓住恶性循环原则不放,从而在实际上放弃了逻辑主义的主张. Russell 直到晚年才承认:"我所一直寻找的数学中的光辉的确定性在令人困惑的迷宫中丧失了.""寻求完美、最终和确定性的希望破灭了."

综上所述,我们已经看到,逻辑主义宗旨之实现不仅困难重重,Russell 的方案也实在问题百出,只好以失败而告终. 其实,Russell 方案失败的根本原因在于只看到并且过于夸张了数学与逻辑在演绎结构上的同一性,而完全抹杀了数学与逻辑科学的质的差异性. 可见,逻辑主义者的出发点就是错误的,事实上,他们把数学当作逻辑,正如19 世纪的 Mach 和 Cohen 把理论物理当作数学一样,前者是对数学对象的曲解,后者是对物质的遗忘;前者心目中只有形式逻辑的框架,后者心目中只剩下了微分方程式. 但是,我们却不能由于逻辑主义的失败而认为逻辑主义者的工作一无是处或毫无价值. 相反的,应该看到,逻辑主义者的工作实际上已对数学与逻辑的发展做出了重要贡献:

(1)众所周知,Russell 的分歧类型论,特别是经过 Ramsey 改进之后发展起来的简单类型论,对于悖论的研究和排除是有重要意义的. 而且现有的一些解决悖论的方案,看来无不溯源于 Russell 早年提出的见解.

(2)逻辑主义者已相当成功地把古典数学纳入了一个统一的公理系统,虽然这个系统不是纯逻辑的,但这样一个工作却成为公理化方法在近代发展中的一个重要起点(参见《数学原理》).

(3)由于逻辑主义者的工作,基本上完成了从传统逻辑到数理逻辑的过渡和演变.特别是 Frege、Peirce、Schröder 等人最早引进了量词,并对量词的性质做了深刻的研究.Frege 还进一步提出了命题演算和谓词演算的系统.

最后,让我们简述一下逻辑主义派的无穷观.由于逻辑主义派的基本立场是确认全部数学的有效性,并认为能把全部数学化归为逻辑,因此,要确认全部数学的有效性,势必要确认实无限观点下的无限集理论.因此,就无限观而言,逻辑主义派是实无限论者,亦即他们确认实无限性研究对象在数学领域中的合理性.普遍认为,Russell 及其追随者明显地承认无限性对象的存在性.但由于 Russell 为排除集合论的悖论而发展他的分歧类型论,从而在 Russell 系统中的实无限性对象就在不同的类和级中表现为一定的层次结构.这符合反映论者的见解.

4 直觉主义派的观点和方法

直觉主义派的主要代表人物是 Brouwer.直觉主义派的根本出发点是关于数学概念和方法的"可信性"考虑.因此,认识论上的可信性就唯一地决定了直觉主义的前提.直觉主义者 Heyting 说:"当你们通过公理和演绎进行思维时,我们则借助于'可信性'进行思维,这就是全部的区别."

直觉主义者认为,集合论悖论的出现不是一个偶然事件,它是整个数学所感染的疾病的一个征兆,因此,悖论问题不可能通过对已有数学做某些技术性的修改或限制而得以解决,必须依据可信性的要求对已有的数学做全面审查,而且应该毫不犹豫地放弃那些不符合可信性要求的数学概念和方法.那么,什么样的数学概念和方法才算是符合直觉主义的可信性标准的呢?这个标准就是直觉主义的著名口号:"存在必须被构造."亦即数学中的概念和方法都必须是构造性的.所谓主张概念和方法上的构造性,就是只承认按固定方式经有限个步骤能够定义的概念和能够实现的方法才是有效的,故构造性亦称"能行性",构造性的方法亦称"能行性的方法".例如,求两个正整数 a,b 的最大公约数,可用 Euclid 除法在有限步骤内实现.像这类方法就称为能行性的或构造性的方法.

　　直觉主义者在数学上的出发点不是集合论,而是自然数论.这就是 Heyting 所说的:"数学开始于自然数及自然数相等概念形成之后."围绕着自然数论的可信性问题,直觉主义者指出,自然数来源于 Brouwer 的"原始直觉"或称"对象对偶直觉".所谓对象对偶直觉,即所谓人皆有之的一种能力——某一时刻集中注意某一对象,紧接着又集中注意于另一对象,这就形成了一个原始对偶,就用(1,2)来表示它.有了这个原始的对象对偶,便可根据构造性的要求重复一次而产生(2,3),再重复一次便是(3,4),依此递推下去,则任何一个自然数都能从这个对象对偶直觉开始,用构造性的方法产生出来.直觉主义者认为,只有建立在这种原始直觉和可构造之上的数学才是可信的,而这种原始直觉对于思想来说是如此直接,其结果又是如此清楚,以致不再需要任何别的什么基础.

　　应当指出,不要把直觉主义者的"直觉"与马克思主义认识论中所论述的"直观感觉"混为一谈.相反的,在哲学观点上,直觉主义派是彻底的主观唯心论者.Heyting 明确指出:"如果把直觉主义的断言看成是关于事实的断言,那将是一种武断,因为它并不具有这种意义.""直觉主义的推论不是关于事实的推论,而是一种理智的构造.""我的数学思想属于我个人的理智生活,并限于我个人的思想……数学思想的特性是在于它并不传达外部世界的真理,而只与心智的构造有关."所以,直觉主义者的所谓"原始直觉"和由此开始的"构造",用他们自己的话来说乃是一种内省直觉能力的发挥.

　　直觉主义派也有它本身的历史发展过程,如果单纯着眼于无穷观,则直觉主义派的思想一直可以追溯到古代,因为从"存在必须被构造"这一前提出发,势必导致彻底的潜无限观念.历史上第一次明确地只承认潜无限而反对实无限的是 Aristotle.略早于他而明确承认实无限的是 Plato.Aristotle 的基本倾向是在依靠逻辑的同时,更多地依靠感官的直接印象,而对于感觉能力所不能及的抽象和外推是不喜欢的.这就势必要对实无限采取排斥的态度.他也明确认为,无限只能是一种潜在的存在,而不能是一种实在的存在.Aristotle 这种无穷观也是其后数学领域中一切潜无限论者的基本观点.

如果立足于直觉主义派的总的哲学观点,则如 Brouwer 所指出的:"我们可以在 Kant 那里找到直觉主义的一种古老的形式."但 Brouwer 却自称为新直觉主义者,因为他放弃了 Kant 关于空间的先验性,而更坚持关于时间的绝对先验性.事实上,Brouwer 所说的原始直觉就是 Kant 关于时间的直觉,而 Brouwer 关于自然数源于原始直觉的提法也就是 Kant 关于自然数是从时间直觉中推演出来的主张.但在 Kant 那里,除掉时间直觉以外,还有关于空间的直觉,几何理论即产生于空间直觉.在 Brouwer 那里,除了原始直觉以外,不再需要任何别的纯粹直观.因为一旦有了这个原始直觉,往后的一切就可以从此开始去构造了.

直觉主义派在数学上的直接先驱者乃是与 Cantor 同时代的 Kronecker,因为他明确提出并强调了能行性,主张没有能行性就不得承认它的存在性.在无穷观的问题上他又是实无限概念的激烈抨击者,他与 Cantor 进行了长期的针锋相对的争论.他曾计划要把数学算术化并在数学领域中清除一切非构造性的成分及其根源.Poincaré 也是直觉主义在数学上的先驱者,因为他主张自然数是最基本的直观,无需再做进一步的分析就可以认为是可信的.其次,Poincaré 也曾多次谴责完成了的无穷集合观念,并主张潜无限概念,他也不赞成形式化的研究方法.但是,Poincaré 却始终没有把这种倾向明确地加以总结并上升为基本观点.另外,法国的半直觉主义者也为直觉主义的形成做了直接的准备,因为他们在抨击选择公理的同时强调了能行性,当然,只有在 Brouwer 那里,才完整而彻底地从哲学和数学两方面贯彻和发展了"存在必须被构造"的观点.所以,大家就公推他为直觉主义的奠基者和代表人物了.这一学派中的主要人物还有 Heyting 和 Weyl 等人.

直觉主义派的基本观点直接决定了这一学派在数学工作中的基本立场是:第一,在无穷观的问题上彻底采纳潜无限而排斥实无限;第二,否认传统逻辑的普遍有效性而重建直觉主义逻辑规则;第三,批判古典数学,拆除一切非构造性数学的框架,重建直觉主义的构造性数学.下面我们来做进一步的讨论和评述.

(1)直觉主义派的无穷观:根据直觉主义的基本观点,势必导致对实无限概念的排斥.因为从生成的观点来看,任何一个无穷集合或实无限对象都是不可构造的.若以最简单的自然数集为例讨论,按照能行性的要求必然否定自然数全体这个概念,因为任何有穷多个步骤都不能把所有的自然数构造出来,更谈不上汇成整体了.而且,即使先假设有那么一个全体自然数论域摆在那里的话,直觉主义者也不承认能把全体自然数逐一复查完毕,亦即不承认有走遍自然数论域的概念.在他们看来,自然数 1,2,3,… 只能永远处于不断地被构造的延伸状态中.例如,直觉主义者 Weyl 明确指出:"Brouwer 使这一点明确了,就是没有任何证据能够证明所有自然数的整体的存在性……自然数列,它能够通过不断地达到下一个数而超越任何一个已经达到的界限,从而也就开辟了通向无限的可能性.但它永远停留于创造(生成)的状态之中,而绝不是一个存在于自身之中的事物的封闭领域."由此可见,在无穷观的问题上,直觉主义派十分彻底地采纳了潜无限论者的观点.如我们所知,实无限论者对自然数全体的认识和理解则是完全不同的,他们不仅完全肯定自然数全体这一概念,还根据反映论观点做出了实际的解释.实无限论的反映派认为,人类对自然数无穷序列的认识是经过了几个不同等级的抽象才完成的:第一是由具体事物到自然数概念,这是一级抽象;第二是由具体的自然数到一般的自然数 n,这是二级抽象;第三是从任意有限多个自然数到自然数全体,这是三级抽象.而人们之所以能完成这第三级的抽象过程,主要是因为思维能够反映事物在质变过程中的"飞跃",在这里便是具体反映了从延伸到穷竭、从有限到无限、量到质的转化.借助于如下的实际考察,对于自然数全体的概念是很直观的.如图 1,设某物 P 沿箭头所示方向以每秒一个单位的速度从 1 处向 0 处运动.从现实的位移运动观点来看,P 是完全可以实现从 1 到 0 的位移运动的,它首先以 $\frac{1}{2}$ 秒时间

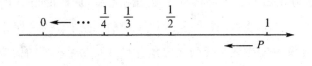

图 1

从 1 移到 $\frac{1}{2}$ 处, 在 $\frac{2}{3}$ 秒时间后就经过了 $\frac{1}{3}$ 处, 而在 $\frac{3}{4}$ 秒时间后经过了 $\frac{1}{4}$ 处, 依此类推, 总共用了 1 秒钟时间由 1 移到了 0. 而 P 在这一秒钟时间里就经过了 $\frac{1}{1}, \frac{1}{2}, \frac{1}{3}, \cdots, \frac{1}{n}, \cdots$ 所有各个点, 其分母也就走遍了全体自然数而使之汇成一个整体. 所以, 以实无限的反映派观点来看, 自然数全体这一概念是能够接受的, 其中关键的一步就是承认思维对延伸到穷竭这一飞跃的正确反映. 但从构造性观点出发, 就必然否认思维对于飞跃的能动反映. 在这一点上, 大致所有的潜无限论者都是如此.

(2) 直觉主义派的逻辑规则: 出于存在必须被构造的考虑, 直觉主义派否认传统逻辑的普遍有效性. Brouwer 认为古典逻辑是从有穷集合抽象出来的, 不能无限制地使用到无限性对象上去, 悖论就出在无穷上. Brouwer 指出: "人们把逻辑误认为是某种超越和先于全部数学的东西, 并且不加检验地把它应用到关于无穷集合的数学." Brouwer 在这里说了两件事: 第一, 传统的逻辑规则不应该无条件地应用于无限性论域上; 第二, 认为逻辑先于全部数学则是一种误解. 所以, 直觉主义正好与逻辑主义相反, 非但不把逻辑看成是先于数学之数学之基础, 反过来视逻辑为数学的一个部分. 直觉主义者进一步指出: "逻辑并不是我们站立的基地……事实上, 它不过是一种具有特殊的一般性的数学定理, 亦即逻辑只是数学的一个部分, 而绝不能作为数学的基础." 因此, 直觉主义派也发展了自己的逻辑, 这是和传统逻辑很不相同的一种逻辑. 一般地说, 这种不同之处主要表现在否定性质的推理上. 现把一些不同之处列举如下:

(A) 排中律: 设 S 表示一个无穷域, 如前所提及, 实无限论者认为 S 是一个既经完成了的无穷总体. 因之, 建立在实无限观点上的古典数学便认为 S 是一个已经构造完成的封闭域, 从而能把 S 的全部个体逐一检查完毕, 亦即我们在推理中常说的 "走遍 S 的一切元" 等. 但是, 直觉主义派既然认为任何无穷集合都只处在无止境的构造中而不是已经构造完成了的封闭域, 从而决不承认能把所有某类具有性质 P 的个体检查完毕. 因而, 直觉主义派就不允许把排中律 $P \vee \neg P$ 使用到无穷集合上,亦即只承认排中律在有穷集合上的有效性.例如,直觉主义者认为能对$\{1,2,3,\cdots,n\}$这n个自然数下结论:"每个自然数或者是偶数,或者不是偶数."但不能对所有的自然数下这个结论,因为,对有限多个自然数而言,我们能给出一个能行的过程在有限步骤内把这有限多个自然数一一检查完毕,但对全体自然数而言,按照构造性观点只能是检查到哪里算到哪里,下一步情况如何,只能等检查之后再说,在下一步还没有检查之前,我们是不能对它做什么结论的.由于这种一步一步的检查永远做不完,所以也不会存在一个能行的过程能在有限步骤内把所有的自然数遍查一次,以对所有自然数判定其每一自然数要么是偶数、要么不是偶数.所以,根据构造性的观点,把排中律应用于所有自然数之上是无效的.

直觉主义者又明确指出,所谓一个命题是真的,就是说存在一个能行的过程在有限步骤内已经证明了该命题为真;一个命题是假的,就是指已经能行地证明了该命题为假.然而事实上,存在着大量的数学命题既没有能行地被证明为真,也未能行地被证明为假.对这些未证命题而言,是不是时间未到,今后时间一到就总能被证明为真或被证明为假?对这一点,直觉主义认为根本无法预测.但是,未证命题却越来越多,而不是越来越少.一个多年未解决的难题的解决往往带来一批未证命题.因此,直觉主义更认为,排中律"命题A或命题$\neg A$必有一真"是不能承认的.因为,根据构造性的观点只能是证一个算一个,证到哪里算哪里,如果无条件地承认命题A或命题$\neg A$必有一真的话,就等于承认了所有命题总是能构造性地被证明为真或不真.但在直觉主义者看来,这是没有可信性根据的.这就是Brouwer所说的:"承认排中律实际上就等于承认对每个数学命题都能或证其为真或证其为假."Heyting也指出:"由Brouwer的基本观点,即研究心智的数学构造而不涉及被构造对象的性质,就立即导致了对排中律的拒绝."但是,古典数学中,由于承认排中律,所以一个命题不论能不能或是不是被证明为真或不真,该命题总归是或者为真或者为假,直觉主义则不然.

(B)反证律与非古典逻辑演算:直觉主义者认为,欲证明命题A为假,当可设A为真,然后得出一个能行的过程在有限步内引出矛

盾,从而,结论 A 为假.亦即在能行性要求下承认如下的形式推理规则:

$$(\neg_+) \text{ 如果 } \Gamma, A \vdash B, \neg B, \text{则 } \Gamma \vdash \neg A$$

但是,对于一个命题的肯定式,使用反证法来证其为真是不为直觉主义者所接受的,即便在能行的要求下,他们不承认如下的形式推理规则:

$$(\neg_-) \text{ 如果 } \Gamma, \neg A \vdash B, \neg B, \text{则 } \Gamma \vdash A$$

通常称 $(\neg_-)$ 为反证律,它反映演绎推理中的反证法.通常称 $(\neg_+)$ 为归谬律,它反映演绎推理中的归谬法.直觉主义者认为,像 $(\neg_-)$ 这样的推理规则太强,不能无条件地承认.其实,根本问题还在于构造性观点与无条件承认排中律是不相容的.

(C)量词的解释与等价式:由于直觉主义者强调能行性,对于量词的解释也不同于古典意义下的理解.例如,$\exists x A(x)$ 虽然也被解释为"有一个 x 使 $A(x)$ 成立",但基于构造性观点,就必须提供一个能行的过程在有限步骤内把那个使 $A(x)$ 成立的 x 找出来.否则,不能算是在直觉主义观点下的"有 x 使 $A(x)$ 成立".如此,直觉主义对于"如果 $\neg \exists x A(x) \vdash B, \neg B$ 则 $\vdash \exists x A(x)$"是根本不承认的.因为,仅由"若没有 x 使 $A(x)$ 成立而导出了矛盾"这一点,并不能说明已经提出能行地找出那个使 $A(x)$ 成立的 x 的方法.又如,一些古典谓词逻辑中有定理:

$$\neg \forall x A(x) \vdash \exists x \neg A(x)$$

直觉主义者认为它不是普遍有效的.因为,直觉主义者不承认能对无限论域 S 之所有个体能行地一一检查完毕.所以,"不是所有的 x 使 $A(x)$ 成立"这句话对于能行意义下的"有一个 x 使 $\neg A(x)$ 成立"这句话来讲乃是一句空话,因为,单凭前一句话是不能指出能行地找出使 $\neg A(x)$ 成立的 x 的方法的.如果你是在已经指出了能行地找出使 $\neg A(x)$ 成立的 x 的方法之后才说"$\neg \forall x A(x)$"这句话,则直觉主义者就要请你说"$\exists x A(x)$",而不要画蛇添足地去多说"$\neg \forall x A(x)$"这样的废话了.所以,直觉主义者认为如上的定理要么是无效的,要么是多余的,因而是不可接受的.我们知道,在古典系统里承认等价式:

$$\neg \forall x A(x) \Leftrightarrow \exists x \neg A(x)$$

但直觉主义只承认单向推理关系

$$\exists x \neg A(x) \vdash \neg \forall x A(x)$$

而不承认

$$\neg \forall x A(x) \vdash \exists x \neg A(x)$$

(3)直觉主义派的构造性数学：基于构造性观点，势必要排斥古典数学中的非构造性数学. 让我们先举一例，借以对照说明非构造性观点与构造性观点处理问题时的不同思想方法.

例如，让我们考虑圆周率 π 的十进位小数表示式

$$\pi = 3.141\ 592\ 653\ 589\ 79\cdots$$

令 $f(n)$ 表示第 n 位小数前出现数字 5 的个数

$$f(3) = 0$$
$$f(4) = 1$$
$$f(8) = 2$$
$$f(10) = 3$$
$$\vdots$$

试问不等式 $\dfrac{f(n)}{n} \leqslant \dfrac{1}{2}$ 是否对每个自然数 n 都成立？对此问题，古典数学认为答案或者是肯定的，或者是否定的，两者必居其一. 直觉主义数学则认为根本不能回答.

古典数学对这个问题的处理方法是：

1° 因为 π 有一个确定的解析表达式，因此，π 的十进无尽小数表示式是存在而有意义的.

2° $\left\{\dfrac{f(n)}{n}\right\}$ 作成一个有界的无穷数集，其中，$0 \leqslant \dfrac{f(n)}{n} < 1$，而 $n = 1, 2, 3, \cdots$.

3° 根据 Dedekind 割切原理，有界数集 $\left\{\dfrac{f(n)}{n}\right\}$ 必存在确定的上确界 $\sup\left\{\dfrac{f(n)}{n}\right\} = \beta, \beta \leqslant 1$.

4° 将 β 与 $\dfrac{1}{2}$ 做一比较，根据三分律可知，$\beta > \dfrac{1}{2}$ 与 $\beta \leqslant \dfrac{1}{2}$ 两关系式中有且仅有一者成立.

5° 因此，这个问题的答案或是肯定的，或是否定的，两者必居其

一. 即当 $\beta \leqslant \frac{1}{2}$，则答案肯定；当 $\beta > \frac{1}{2}$，则答案否定.

按照直觉主义的思想方法，以上推理过程是根本不能接受的. 首先，对于 π 被表示为十进无尽小数展开式是不予考虑的，只能算到哪一位就算是展开到哪一位. 其次，不承认 $\left\{\frac{f(n)}{n}\right\}$ 是一个完成了的有界数集. 因为，按照直觉主义的观点，自然数 n 都只能在永无止境的被构造之中，数 $\left\{\frac{f(n)}{n}\right\}$ 也只能在无止境的被构造之中，$\sup\left\{\frac{f(n)}{n}\right\} = \beta$ 的存在性是不被承认的. 按照构造性观点，对于 $\frac{f(n)}{n}$ 的验算也只能算到哪一步是哪一步. 所以，对于所有的自然数来问 $\frac{f(n)}{n} \leqslant \frac{1}{2}$ 是否成立？直觉主义派拒绝回答.

又如连续函数性质的中间值定理："设 $f(x)$ 在 $[a,b]$ 上连续，并且 $f(a) \cdot f(b) < 0$，则存在一个 $c(a < c < b)$，使得 $f(c) = 0$." 我们知道，在数学分析中是用反证法来证明这个 c 的存在性的，但并没有指出一个能行的过程在有限步骤内确立这个 c 的存在. 自然，直觉主义者不接受这种非构造性证明.

今以直觉主义分析学为例，试看直觉主义者如何建立直觉主义数学. 众所周知，古典分析建基于实数连续统，因此，建造直觉主义分析学的根本问题就在于如何在可构造意义下得出实数和实数连续统的概念. 因此，直觉主义者首先引进所谓"属种"（species）的概念以取代 Cantor 意义下的集合概念. 例如，只要能给出一组确切的、能为有限句逻辑上无矛盾的语句所表述的规则 L，根据 L 就能把每一自然数一个接一个地、无止境地构造出来，这就算是给出了一个全体自然数的属种. 进一步，Brouwer 又引进了"选择序列"的概念："在任何时刻，一个选择序列 α 系由一个有穷的节连同对它的延伸的若干限制组成." 如此，直觉主义者便以"有理数选择序列"取代古典分析中的有理数 Cauchy 序列概念，并称之为"实数生成子". 相应于古典分析中把实数定义为有理数 Cauchy 序列等价类，可构造意义下的单个实数被定义为实数生成子的一个等价属种. 如上所见，建立可构造性实数概念没有实质性困难，其原因就在于 Cauchy-Weierstrass 的整个极限论奠基于潜无限观念. 因而, 在实质上直觉主义者在此不过是在能行性的要求下重新陈述 Cauchy 序列而已. 也就是说, 在相应的陈述下, 对于任给 $\varepsilon > 0$, 必须总能够能行地找出一个 $\delta > 0$, 而绝不是非构造性地存在一个 $\delta > 0$ 等.

建造直觉主义分析学的真正困难还在于"构造性连续统"概念的建立. 其原因在于可构造性数学至多只有潜无限, 因而无限至多只有一个层次, 但实数却有不可数多个, 对于可数无穷来说乃是两个不同层次的无穷. 因而, 问题不单是以潜无限取代实无限, 而要把高层次的无穷统一到低层次的无穷上来. Heyting 对此指出:"众所周知, 递归实数没有穷尽连续统, 递归实数是可数的, 而连续统是不可数的. Brouwer 曾尝试找一个尽可能与普通的连续统接近的构造性的概念, 他为这个问题奋斗终生. 1907 年, 在他的学位论文中, 他引入连续统作为初始概念, 认为人有连续统的一个直观(时间的直观), 靠它他能构造一稠密的、可数无穷的标尺, 连续统上的一个点是用这标尺的点的一收敛序列定义的."但是, Brouwer 一旦借助于时间的直观而提出连续统也是原始直觉的说法, 就显然违背了直觉主义者的基本立场, 以致陷入自相矛盾的境地. 直到 1919 年, Brouwer 终于利用"展形" (spread) 概念巧妙地建造了符合构造性要求的连续统概念. 其中关键的一步就在于不再是先实数后连续统, 而是把每一个实数同时统一在一个潜无限的构造性状态之中. 为使直观图象简单明白起见, 我们把展形连续统表示为如下一个通俗易懂的展形图像, 并在解释中采用二进位记数法.

不妨把图 2 所示的这个展形连续统理解为一棵永远在生长着的树, 其生长的规则是先由树根长出两枝, 每枝长到一有限长时又各生出两枝, 依此类推, 永无止境地长下去. 每个开始长出分枝之处称为"节", 又把每个"节"生出的两枝的"节"合在一起称为一"节对", 于是, 除去树根的那个节之外, 每个节都在一个节对中, 现把每个节对中的一个节记为 0, 另一个记为 1, 不允许同时记为 0, 或同时记为 1.0 与 1 称为节的标记. 这样, 从任何一个节到它紧接的下一个节就有且仅有 0 或 1 两种选择的可能. 我们把从树根以下的一个节开始, 一个节接着一个节生长下去的变程称为此展形树的一个"分支". 如果把任一分支中从第一个节的标记起的所有标记依次记录下来,便得到一个可构造意义下的实数的二进表示式.反过来,任给一个可构造意义下的实数的二进表示式,那么,按照上述方法必能在此展形树上找出一个分支,它的依次相接的节的标记构成这个可构造实数的二进表示式.在这里要注意的是,可构造实数的二进表示式的位数虽然可以无止境地增多,但却总是有限的,而且只能给到哪一位算哪一位,因而完全不同于古典分析中实无限意义下的实数的二进表示式的含义.

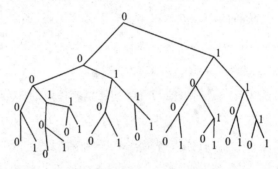

图 2

如此,直觉主义意义下的单个实数就既不是在连续统生成之前,也不是在连续统生成之后一个一个地被构造出来,而是在建造出实数连续统的同时被构造出来.反过来,构造性意义下的实数连续统也是在构造出每一个构造性实数的同时被构造出来的,从而,直觉主义意义下的连续统本身与每个实数同时处在能行的、潜在无限的被构造状态中.这就真正建造了直觉主义意义下的展形实数连续统."展形"是直觉主义数学中的一个抽象概念,具有广泛的普遍性.Heyting 指出:"展形是用一个确定对选择的限制的规则来定义的."所以,如上之展形实数连续统只是借助于展形概念所建造的一个具体展形的实例.而直觉主义连续统一旦建成,就完全改变了古典分析实数论的面貌,直觉主义分析学就能在它的基础上建立起来了.

最后,让我们看一下人们对于直觉主义数学的一般评论.普遍认为,直觉主义数学所坚持的方法,本来也导源于希望借此排除悖论的考虑,但是,它的限制过大,只承认一部分最保险的数学,被抛弃的合理因素太多.联系到计算机数学的发展,构造论方法却有重要意义.详细地说,有如下几点评述性意见:

(1)能行性问题具有十分重大的现实意义.正如大家所公认的,在使用电子计算机时,尤其不能不注意能行性.

(2)直觉主义数学对于非构造性数学和传统逻辑的绝对排斥是错误的,这种绝对排斥无法解释后者在一定范围内的应用上的有效性.在这一点上,直觉主义派理所当然地遭到了绝大多数数学家的反对.

(3)直觉主义派对实无限性概念的绝对排斥也是不符合科学认识论原则的.

(4)"直觉主义因反对古典逻辑,从而需要把整个逻辑及数学全盘改造,连人们日常认为最简单、最明白无讹的部分也需重新审查,这显然是一件非常艰巨的工程.再由于直觉主义逻辑强调能行性,反变得啰唆、不方便起来,从而这个数学改造运动极慢,几乎可以肯定难以成功."(参阅:莫绍揆,《数理逻辑初步》,上海人民出版社,1980)

5 略论形式公理学派的观点和主张

长期以来,数学界习惯于把 Hilbert 奉为形式主义流派的祖师,往年我们也是跟着那样说的.实际上,那是一种历史的误解.形式主义派的主张和 Hilbert 的数学观并不完全相同.现代形式主义者 Curry 曾明确指出:"有许多人把形式主义与 Hilbert 主义互相等同起来,这是不对的."(有关详细论述请参考胡世华的文章《数理哲学中的形式主义和柏拉图主义》)

固然,Hilbert 确曾有过片面强调形式的倾向.例如,他曾说过:"数学思考的对象就是符号本身,符号是这个思考的本质,它们不再代替理想化的物理对象."但正如 Kreisel 在《析"Hilbert 规划"》一文中所指出的,Hilbert 绝不是一个狂热的、彻底的形式主义者.

我们应该把 Hilbert 称为"形式公理学派"的创始人,以与"现代形式主义者"这一概念相区别.下面,我们专门来讨论形式公理学派的观点与主张,这些观点与主张被称为形式公理主义或 Hilbert 主义.兹分条列叙述如下:

(1)就"无穷观"问题而言,形式公理主义认为古典数学中那些包含着"绝对无穷"(实无限)概念的命题确实是"超越人们直观性证据之外"的东西.在 Hilbert 与 Bernays 的 1934 年的著作中曾表示过这样的意见:"真实无穷乃是通过人们心智过程被插入或外推出来的概念……"但是,他们并不同意直觉主义者由于这样的理由去放弃古典数学,包括 Cantor 集合论.

(2)形式公理主义既然肯定了实无限概念,也就承认了超穷集合的概念.例如,他们承认全体自然数作成一个完成了的无穷集合.因此,无论就有限论域或无限论域而言,他们都主张经典逻辑里的"排中律"是普遍有效的. Hilbert 甚至说过:"数学家使用的排中律就像天文学家手中的望远镜那样重要,是万万不能丢弃的."

(3)形式公理主义主张对古典数学应做形式化的奠基,使之成为形式公理化理论,而这个理论本身必须可被证明是协调的(无矛盾的).详细一点说,所谓一个数学理论的形式公理化,就是要纯化掉数学对象的一切与形式无关的内容和解释,使数学能从一组公理出发,构成一个纯形式的演绎系统.在这个系统中,那些作为出发点而不加以证明的命题就称为公理或基本假设,而其余一切命题或定理都能遵循某些设定的形式规则与符号逻辑法则逐个地推演出来.所谓公理系统的协调性(相容性),指的是这个演绎系统中不能同时包含一个命题和它的否命题.

通常把 Hilbert 方案的实现叫作"Hilbert 规则",其基本内容有以下几点:

1° 证明古典数学的每个分支都可公理化.

2° 证明每一个这样的系统都是完全的,即任意一个系统内的可表命题均可在系统内得到判定(即判定其为真或假).

3° 证明每个这样的系统都是协调的.

4° 证明每一个这样的系统所相应的模型都是同构的.

5° 寻找这样的一种方法,借助于它,可以在有限步骤内判定任一命题的可证明性.

(4)形式公理主义认为验证形式公理化理论协调性所需要的"模型"不能取自感性世界或物理世界,他们提出了以"命题证明法"作为研究对象的一门数学来直接处理公理化的协调性问题.这一门数学就叫作"元数学"或"证明论".关于元数学的要求是:对形式系统的讨论规定采用构造论的方法,即对推理规则限定用"有穷主义"的方式,不得牵涉集的无穷概念.(就这一点来说,其方法、精神是同直觉主义

者的主张相通的）

综上所述，可知 Hilbert 主义的基本主张是：一方面希望保存古典数学的基本概念和经典逻辑的推理原则，特别是那些与实无限性有关的概念和方法，诸如无穷集合概念和排中律在无限论域上的使用等；另一方面，出于可信性考虑，几乎和直觉主义同样地认为，可信性只存在于有限之中，而无限性概念不过是理性规定而已．因此，Hilbert 主义又把有穷主义的观点贯彻在其元数学的推理规则之中．

事实上，Hilbert 为了要在有穷主义可信性的准则下保存实无限观点下的古典数学与经典逻辑推理规则，不得不把全部数学划分为"真实数学"和"理想数学"两大类，凡涉及实无限概念和超穷推理方法的数学都称为理想数学．Hilbert 规划就是希望通过有穷主义的构造性方法（包括递归式方法）在元理论研究中证明理想数学的协调性和完备性，以期表明实无限性的理想化成分在应用上的有效性与上述有限性观点相统一．这就是 Kriesel 所指出的："Hilbert 是从有限性的观点出发来理解超穷方法之应用的．"

但是，Hilbert 主义想把全部数学都纳入到形式公理化中去的宏伟计划，已经被 Gödel 于 1931 年公布的"不完备性定理"所彻底否定．

Gödel 的定理是说："每一个充足的 ω 无矛盾的算术逻辑 L 都是不完全的．"我们建议读者最好去阅读 M. A. Arbib 在 1964 年出版的《智能、机器与数学》（英文版）一书的第五章，从那里可以看到一个最能表明 Gödel 定理本质的证明．仔细分析该证明，我们可以发现这样的事实：不完全性的结论是由于存在一对不能判定的命题（即用"闭型公式"表明的一个命题及其否命题），而这对闭型公式的存在乃是由于存在"非递归可数集" $\overline{Q}$ 的缘故．

因为算术逻辑 L 是某种"递归逻辑"，"递归性"是一种潜无限概念，而非递归可数集 $\overline{Q}$ 的存在性决定于某个完成了的实无限过程，因此，以潜无限进程概念为基础作出来的算术逻辑 L 不能完全判定 $\overline{Q}$ 中之全部元素，是理所当然之事．其实，Gödel 的不完备性定理无非是下述普遍命题的一种精细的特殊化而已："总存在某种真无限过程所界说的无穷集合（如 $\overline{Q}$ 等），其全部内容恒不能由其所相应的任何潜无限进程（如递归性手续等）所列举或判定．"这个命题可以叫作"无穷过程的层次不可越原理".

如上所述,Gödel 定理的出现实际上是在近代形式公理学派的头上泼了一瓢凉水.公理学派正是因为忽视了实无限与潜无限两者间的本质区别,才错误地认为能用有限主义的方案(如递归方法等)去构造出种种形式系统以表述全部数学真理.

综上所论,可知近代的直觉主义者与公理学派,都在无限观上出现了片面性,所以,他们设想重建全部数学基础的方案,自然是不可能彻底实现的.

按照反映论的观点,数学理应区分为两大部类:一类是"构造性数学"(即 Hilbert 所说的"真实数学");另一类是"描述性数学"(即 Hilbert 所说的"理想数学").前者不与实无限过程打交道,故可按直觉主义者的要求去发展;后者则论述真无限过程,不能采取有穷主义的观点去行事.这里还必须指出的是,数学的抽象形式表现力是有限度的.抽象概念本身总是带有某种片面性和僵化性,所以,数学理论的发展绝不能自封于抽象的形式框架里.事实上,数学的真理性并不存在于形式演绎系统的严格证明里,而归根结蒂要通过与物质世界相联系的实践过程去验证.

6 关于三大流派的简短评论

现代的数学发展史已经表明:三大流派对 20 世纪的数学进展有着不同程度的推进作用.事实上,若干理论数学分支所以能呈现今日面貌,都是与上述诸流派的积极影响分不开的.

但是,应该指出,三个流派有个共同弱点:他们全都忽视数学科学对象内容的客观实在性,不承认数学对象题材的真正源泉是物质世界.例如,他们曾把反映客观真理的数学分别强调为"纯粹心智的构造""纯理性思维的产物""自由选定的符号语言"等.总之,在他们看来,数学仿佛是独立于客观物质世界的某个思维王国中的自由乐园.所以,尽管他们之间的意见、观点分歧很大,甚至相互抵触,但都不过是对修建这块自由乐园的不同的主张与行动规划而已.

不难列举出三大数学流派在唯心论哲学阵营里的相应支柱和宗师.似乎特别明显的是,公理主义派无疑是 Kant 主义与"唯理论"的信奉者.此派在数学主张上的实际表现是:"理性给自然制定规律,而不是自然给我们制定规律".

我们知道,在《唯物主义和经验批判主义》一书的第五章中,列宁曾深刻地揭示了物理学唯心论的根源.看来真是非常凑巧,我们只需借用列宁的语句,即可相应地说明数学唯心论的主要根源:

(1)数学上的唯心论是数学的进步本身所产生的.数学的巨大成就,以及对于这种同质的与纯粹的数学对象(这种对象的形式结构规律可以用逻辑来表现)的摹写,产生了数学家对于物质世界的遗忘."数学的实在内容消失了",只剩下一些形式符号所编列成的逻辑框架了.在新的发展阶段上,采用新的符号逻辑工具(如元数学、递归函数论等),仿佛得到了旧的 Kant 主义的信念:"理性以规律授予自然".

(2)产生数学唯心论的另一原因,是人们知识的相对性原理.这个原理在旧理论遭到危机(如集合论之"悖论"造成危机、Euclid 几何之"唯一先验形式"神话破产)时,以其特殊力量强加于数学家们.这个原理——如果不懂得辩证法——将必然导致唯心论.

还应指出的是,虽然三大流派的基本观点分歧很大,甚至互相对立,但是他们对于整理和重建数学系统的实际作法,确实有相辅相成之处.即就现代所充分发展了的"元数学"来看,这三大派的方法论观点已经明显地表现出互相依赖、互相渗透的特点.例如,形式系统的无矛盾性问题导致证明论的研究,证明论又须借助于递归函数论方法(或"有穷方法"),而递归算法这种思想正是直觉主义者的观念.另一方面,直觉主义者从事构造性数学,逻辑主义者讨论他们的演绎系统时,也都采用了公理学派的方法.诸如此例,无需一一列举.

最后,我们对三大流派总的评价是:他们确实各有所偏,各有所见.固然其对待数学本体论的见解是不足取的,但他们在方法论上却各有重要贡献.特别是直觉主义者的方法论和形式公理学派的思想方法,还值得进一步分析、探讨、继承并发展.

数学中的现代柏拉图主义与有关问题[①]

1　为什么要谈柏拉图主义

在 20 世纪,围绕数学基础问题,争论得最多的是 4 个标准的主义:柏拉图主义、逻辑主义、形式主义和构造主义(又称直觉主义).

逻辑主义奠基人之一 Russell 和形式主义代表人物 Hilbert 都曾经自认为是柏拉图主义的信奉者.逻辑主义的目标是试图化数学为逻辑,但"无穷公理"这一关却过不去,故因未达目标而告终.形式主义又称"公理化学派",由于 1931 年"Gödel 不完全定理"的出现给这种主义的宏伟意图泼了一盆冷水,后来追随者也就变少了.数学公理化思潮后来发展成为法国的 Bourbaki"数学结构主义"学派,其影响至今仍在.

不受欢迎的是直觉主义.此派主张一切数学对象都必须是经有限次(或有限步)构造而成的.因此,连自然数集合和实数集以及任何无限集都不被认可.这样一来,久经考验的经典数学的不少重要部分都须被砍掉.

说起来历史最久远的是柏拉图主义.它起源于两千三百多年前 Plato 以"善的概念"为题的一次并不成功的演讲.(其失败之因是由于他未能让听讲者们真正弄懂他的"善"的概念.)

后来人们才明白柏拉图那次讲演中的思想、见解是十分深刻的.他在讲演中首次提出了数学对象的"客观存在性",而人们研究数学

①原载:《数学教育学报》,2004,13(3):1-5.

(如几何学)就是探求某种"客观存在着的理想事物",这些理想事物是属于一个"理念世界"的.

以"圆"为例,柏拉图指出几何中的"圆"就是一种理想的、绝对完美的圆,圆的概念来自理念世界.至于现实世界中各种圆形不过是分享了圆的概念,都不是完美的圆.他还强调指出,数学的"理念世界"是独立于人们感性经验之外的世界,是一种客观存在着的完善的永恒世界.

以上所述,常被称为古典柏拉图主义,其要点就是关于"数学理念世界"的学说.按此学说,此种理念世界应包含一切理想的数学概念以及由概念衍生而成的数学命题、公式及有关问题的数学解答,等.这样说来,1996年故世的匈牙利杰出数学家Erdös经常提到的"数学天书"之说,就可以看成是"理念世界"之说的推论了.事实上,Erdös也是一位柏拉图主义者,相信数学对象与数学真理是客观存在的.所以他常说,许多未解决数学难题的解答都会出现在一本"数学天书"上,人们研究的目标,无非就是要去发现早就存在于天书上的东西.

柏拉图主义既承认数学对象与真理的客观性,又坚信存在一个先于人脑理性思维的数学理念世界.因此它理所当然地被评议为具有先验论观点的"客观唯心主义".

事实上,只要在古典的与近现代的柏拉图主义中改变上述先验论的信念,而代之以反映论观点,把数学事物(概念、命题、方法等)看作符合科学抽象规律的人脑对实在关系的反映形式,那就不至于陷入唯心论了.又如在现今正在发展着的"现代柏拉图主义"中再融入实践检验真理等观点,则就和科学反映论趋于一致了.

正因为柏拉图主义的历史底蕴十分深厚,其思想内涵又极为深刻,且其现代发展又日益趋近科学反映论,故无论从历史的、哲学的或方法论的角度来看,柏拉图主义都是值得深入探讨和研究的课题.事实上,柏拉图主义中的一些真知灼见对数学教育工作者与科研工作者都是颇有教益的.

下面我们将讨论现代柏拉图主义是如何产生和发展起来的问题,特别要谈到它的历史背景及有关问题.这里我们必须提到王前的《数学哲学引论》一书(参见文献[1]).此书第二章有关于柏拉图主义的精辟论述,且附有一系列参考文献,这对于欲深入研究柏拉图主义的读者是很有参考价值的.(至于有关柏拉图主义的简要评介,则可参考颇有见地的文献[2]~[4].)

2 现代柏拉图主义是如何发展起来的

现代的数学柏拉图主义又称新柏拉图主义,是从 20 世纪 30 年代后发展起来的,主要代表人物有 Gödel、Bernays 和 Thom 等人.他们有时也自称为"新柏拉图主义者".

现代柏拉图主义是经由近代数学柏拉图主义的继承和发展而来的,而且有原则性上的扬弃和区别.

近代柏拉图主义是在欧洲文艺复兴运动后逐步形成的,它所信奉的基本原则有 4 条.

(1)上帝是用数学方案来构造宇宙的,而寻求自然界的数学规律就是对上帝智慧的证明.因此,上帝本身就是一位至高无上的数学家.据历史记述,Kepler 每次获得发现时都给上帝写颂歌.Galilei、Pascal、Descartes、Newton 和 Leibniz 等人也都把上帝歌颂为至高无上的数学家.在那个时代,上述原则有助于调和科学家们在科学事实和宗教信仰间的矛盾心理,而且也有利于抵制教会势力对科学研究的无理干扰.

(2)数学对象是具有客观性的理念实体,需要通过理性的心智活动去认识,而不应受到直观感觉的约束.因此,例如像无穷大与无穷小量这样的概念便进入数学思维之中,这对微积分学的产生起到了重要作用.

(3)数学真理具有必然性和唯一性.数学观念是天赋的(即先验的)观念,因此理性的心智和客观的数学理念世界之间存在着"先定"和谐的关系.显然,Kant 之主张数学命题乃是"先天综合判断"的观点,即是对近代柏拉图主义思想的一种哲学概括;而 Hegel 的"绝对观念"学说也可看成是柏拉图"理念"学说的进一步发展.

(4)数学仅仅是研究具有确定性的数量与空间形式的科学,至于具有模糊性的或越出二值逻辑范畴的对象关系都不成为数学对象.

上述 4 条基本原则及其所代表的信念,对 19 世纪中叶前的数学

（如微积分及其诸分支、射影几何学、代数学、复数理论、概率计算等）诸分支的创建和发展,都起到了启示与激励作用.甚至可以认为,产生于 19 世纪下半叶的 Cantor 的超穷序数论与集合论,也是柏拉图主义观点下的产物,而 Cantor 本人被公认为是近代数学柏拉图主义的最后一位代表人物.

19 世纪中叶后,近代的数学柏拉图主义便开始衰落了.其主要原因有 3 点.

(1)非欧几何的创建,直接冲击了 Kant 关于欧氏几何学"先验综合判断"的观点,也即否定了"先定和谐"的信念.

(2)布尔代数的产生,表明代数规律可以推广到逻辑学领域.换言之,数学对象不限于数量与空间形式.

(3)Russell 悖论与集合论悖论的相继发现,也动摇了数学思维的"先定和谐"的基本信念.

由于"先定和谐"(即数学"先验论")原则遭到质疑,人们便转而相信数学是一门"形式系统的科学",或是由纯演绎推理组成的"逻辑学",或是由心灵领悟为基础而人为地经有限步构造出来的学科,如此便分别产生了数学哲学中的形式主义、逻辑主义和直觉主义 3 个派别.从而近代柏拉图主义也就被数学界遗忘而抛弃了.

可是正因为上述 3 个学派都不能真正解决数学的本体论与认识论的基本问题,其理论与方法各有不可克服的局限性,因而通过人们的反思,从某种新的立场出发,一种新的柏拉图主义又复活了.这就是我们下面要讨论的现代柏拉图主义.

3 现代柏拉图主义有哪些重要观点

首先要说明,持有现代柏拉图主义观点的只是一部分数学家.但由于其基本观点已很接近于科学反映论,故可以乐观地预期,对于不断发展着的现代柏拉图主义的信奉者将会越来越多.

现代柏拉图主义的重要观点主要表现在本体论与认识论两个方面.

(1)在本体论方面,它继承了数学对象具有客观性的原则,并把数学对象的客观性归结为"客观实在".当年英国分析学大师 Hardy 甚至把数学对象简称为"数学实体".

　　尽管数学思维的能动作用在现代数学中表现十分突出,有些数学结构好像是主观随意的产物.但法国的现代柏拉图主义者托姆就指出:"如果数学只是一种大脑活动的随机产物,那么怎样去解释用它描述宇宙时会获得无可置疑的成功呢?"事实上,现代科学的数学化,已不断地显示出纯数学成果客观上的可应用性与有效性,这也足以表明(或间接地证实)数学对象的客观实在性.

　　它并不停留在"数学实体必然存在"的简单信念上,而是认为数学研究对象是一些理想化的结构.这种理想结构不同于物理世界的构造,至多只存在某种近似的关联.理想化结构的思想已成为现代数学模式论的基本概念.

　　(2)在认识论方面,它坚信数学真理是客观存在的,而人们对其认识不可能是完全的.

　　数学发展到任何时候,总有一批未解决的难题,而有许多问题结论的真假不能判定,所以对数学真理认识的不完全性是不言而喻的.其实,柏拉图主义者 Gödel 对数学真理认识的不完全性还有更深层的理解.由于他发现了"不完全性定理",看到了 Hilbert 的"数学形式公理化"方案不能等同于数学真理,因而他甚至提出了,数学公理是类似于物理学假设的某种东西.既然物理学基本假设常随着物理学中的新发现与新进展而改变,那么一度被视为公理的数学命题今后也可能成为假命题,从而就不是真正的公理.显然,Gödel 关于"公理发展观"的思想与反映论有关真理发展观的观点是一致的.

　　新柏拉图主义者 Gödel 的"不完全性定理"指出了形式化(公理化)方法对唯一地表述自然数的特质都并不成功,从而得出了数学直观的正确性会超过数学证明的结论.因为电脑(计算机)是遵循数学形式演绎运行的,因此还可得出"心智比机器的本领大得多"(当然,这里所说的"本领"并非指计算速度)的结论.

　　事实上,人的心智有数学直觉,能通过抽象获得数学概念,还能进行超穷推理,而电脑却没有这些能力.

　　这里值得注意的是,新柏拉图主义者坚信"超穷推理的客观主义观点",故对 Cantor 的"素朴集合论"与近代的"公理化集合论"等,都是一概认可的. 特别地, 对 20 世纪 60 年代后发展起来的" 非标准分析学"(Non-standard Analysis), 当年 Gödel 还把它赞誉为"21 世纪的分析学".

新柏拉图主义在某些关键问题上避免了近代柏拉图主义遭人非议的弱点. 一是放弃了"上帝用数学方案构造宇宙(世界)"的神学思想; 二是不再坚持"数学理论具有确定无疑性质"的信念; 三是不再承认数学公理的先验论; 四是不再认为数学只是关于数量与空间形式的科学. 新柏拉图主义的高明之处还在于, 它常常引用现代自然科学与社会科学数学化的成就与成果作为自己的证明, 其目的并非想把一切科学归结为数学, 而只在表明数学对象与数学真理的客观性.

20 世纪 70 年代后有些美国数学哲学家, 如 Quine 和 Putnan 等人, 曾提出了一般意义上的"概念实在论", 这可以看作柏拉图"数学理念论"的扩充, 所以他们有时也自称为柏拉图主义者, 但在细节上其观点与新柏拉图主义还有一定差别.

新柏拉图主义还处在发展过程中, 由于其基本信念与思想观点及方法对现代自然科学与社会科学的数学化进程具有启示与激励作用, 而反过来各种数学化进程的成就又将成为新柏拉图主义的发展动力. 因此可以预想, 新柏拉图主义必将随同现代数学科学与其他各门科学的发展而不断改变其理论内容及面貌.

4 怎样评价和改进现代柏拉图主义

数学对象与数学真理的"客观性原则"是符合科学反映论观点的. 这样, 数学柏拉图主义就和各种带有主观唯心主义色彩的数学观与数学哲学派别划清了界限.

现代柏拉图主义摆脱了"数学理念世界"的带有崇神信念的"先验论"与"先定和谐"的观念, 而且还坚信数学公理如像物理学中的基本假设那样, 也将会随同数学科学的实际发展而加以改变和修正. 这样说来, 它又是和科学的认识论观点基本一致的.

当然, 新柏拉图主义仍然未能脱离"客观唯心主义"的思想体系. 可以看出, 它否认数学对象同感性世界的联系, 片面地强调心智在数学思维中的重要作用等问题上, 仍表现出客观唯心主义的特征. (有关

这方面问题的深入讨论,建议参见文献[1])

显然,总体上来看,新柏拉图主义与古典的及近代的柏拉图主义相比起来,所含有的客观唯心主义思想成分的比重已小得多了.

根据以上讨论并参照笔者在"现代柏拉图主义的重要观点"中的论述,笔者认为只需在新柏拉图主义中引入科学反映论的一些观点即可化解它所含有的客观唯心论成分.

前面我们已经说到,凡"数学事物"(如数量关系、空间形式以及与之关联的数学公理、概念、命题、公式、方法等),都是符合科学抽象规律经由人脑对实在关系的反映形式.这其间,客观上存在的"实在关系"是客体,具有抽象思维与形成概念能力的"人脑"是主体.人脑作为一种具有抽象反映能力与创制概念能力的"反映器",将实在关系经过抽象,反映成为概念与概念间的关系.如果被反映的诸实在关系(客体)具有数量方面的或空间形式等关系,则其反映形式(通过概念来表现)便成为数学了.所以数学实际是一类通过人脑机制所产生的反映形式.既然是反映形式,当然不是人脑无中生有的产物,它是以客体的"实在关系"作为"抽象的本源"而形成的概念或概念关系.这就说明了数学概念及其关系必然具有客观性.另一方面,人脑的抽象思维过程(包括形成概念以及概念的关系……)是一种"去粗取精"的过程,其中自然包含有主观能动性因素.所以数学对象及其所构成的理论形态,自然不能简单地看成是"镜面反射"式的直接反映形式,而是经过概念化、精致化达到理想化标准的"精神创造物".当然这种精神创造物是反映客观实在的,所以它理应具有必然性和客观性.

但是新柏拉图主义与经典柏拉图主义一样,都认为"理念世界"与"感性世界"无关.他们忽视了理想化的数学概念,正是从感性世界里取得了可供抽象的素材,才能加以概括精炼而成的事实.他们不理解"人脑反映器"的抽象思维过程与产生概念所必需的客观背景条件,而误认为一切理想化的数学概念来自"数学天国"(理念世界),人们是要靠先天赋予的"直觉(悟性)"才能去发现天国里的理想事物.

新、老柏拉图主义者都强调数学对象的"发现说",而否定"发明说".这是因为"发现说"正好符合其数学对象的"客观性信念".但是近、现代数学的发展中,人们已越来越频繁地见到许多优美而有用的

"数学模式".这些模式都是设计构造出来的,而并不是从先验的理念世界中发现的.但是这些模式一经构造出来,便具有"形式客观性"和模式真理性,自此以后人们就必须也只能客观地研究它们.这就好比下棋规则那样,人们设计了下棋规则,各类棋谱也可以成为客观研究对象,甚至可变成特殊的组合数学问题.这样看来,数学对象未必都是发现的,也可以由人们设计发明出来.

既然数学对象可以人为地设计、发明、创制出来,那么"数学理念世界"也就不是一个疆域固定不变的先验地存在的"世界",而是一个不断地扩张变大的世界.相应地,联系着创造性对象的数学真理也就成为从外界引入的新的客观存在.

如人们所知,每一个数学概念一经发现或被构造出来,它就具有自己的生命.这就像有机体内的细胞那样,会从胚胎形态逐步发育成长起来,因而数学的理念世界也就好像是一个不断发育增长着的庞大有机体.

根据以上所述,即可从科学反映论观点,对新柏拉图主义做出两点较重要的修正和补充.

第一,现代柏拉图主义虽然认识到数学的实际发展可能会修改或重新确定数学公理,但在他们的心目中,存在于理念世界的客观真理却是不变的、永恒的,即使修正或否定原设公理,那也是依据被重新发现了的真理作为标准来进行的.在这里,他们所说的"客观真理"是不能被创造的.因此,我们要做的重要修正就是,随着数学对象的不断被创造,与之相关的"数学真理"也是可以不断地诞生出来的.换言之,人脑可以创造出数学新概念和新真理.如前所言,这好比是一个成长发展着的有生命的有机体那样,其中的细胞(如数学概念……)可以繁衍大量新细胞(如新概念……),从而产生新的联系运行法则(如新的数学规则与真伪判别标准——新的数学真理……).

这个修正的要义是,有些数学真理是被创造出来的,而新、老柏拉图主义的数学发现观,必须融入数学发明观.以往人们常说,涉及数学原理的事,应说成是"发现",而数学技艺的创立应说成是"发明".事实上,联系创造物的数学原理也可以归入"发明"之列.例如,解决多值复变函数单值化表现问题的"黎曼面结构原理"就是一种发明.诸如此类,例子不胜枚举.

第二,现代柏拉图主义者只是宏观地认识到了数学真理认识的不完全性.这是由于 Gödel 发现了"不完全定理"后所形成的见地.另一方面,正是因为他们过分信任心智或直觉的"天赋能力",故从不怀疑心智能力对待数学事业有天生不可克服的局限性.事实上,人脑所能进行的概念思维,都只能是"单相性"的抽象思维.每一个数学概念都必然是"单相性抽象"的产物.

举例来说,自然数序列 $1, 2, 3, 4, \cdots, n, \cdots$ 可以按依次加 1 的方式不断地延伸下去.于是便产生两种彼此对立的单相性思维方式来看待这种序列.

一是把自然数序列理解为只能一直延伸下去而永远不可能穷竭的过程.这就是"潜无限"观点下的开放型的自然数序列.

二是把自然数序列理解为可以理想化地穷竭了的过程,因而它能形成一个整体性的无穷集合.这就是"实无限"观点下的闭合型的自然数集合{一切 n}.

显然,"潜无限"与"实无限"都是"单相性思维"所产生的概念.凡数学概念都要求具有确定的一义性,故也必然是单相性抽象的结果.

潜无限与实无限是相互排斥的概念,联在一起就变成"悖论"(paradox)了.

如大家所知,从古以来在一批著名的哲学家和数学家群体中,就分裂成"潜无限论者"与"实无限论者"两大派别,属于前者的有 Aristotle、Gauss、Kronecker、Poincaré、Brouwer、Weyl 等,属于后者的有 Plato、Cantor、Dedekind、Weierstrass、Hilbert、Russell、Whitehead、Zermelo 等.

上述严重分歧甚至变成了后来产生直觉主义派与形式主义派及逻辑主义派的根本原因之一.

后来我们才明白,自然数序列本来就具有"双相无限性",即兼具有潜无限与实无限的二重性格,而且可以在 Robinson 的非标准数域 $^*R$ 中的超标准自然数集 $^*N$ 上形式地同时并存.事实上,古典辩证法哲学家 Hegel 所说的"进展之自我完成"(going-together-with-it-self)就已经表述了像自然数序列这种含有二重无限性的对立统一体的本质了. 后来 Engels 也表述了同样思想.

另一重要例子是直线连续统, 它本来是一种兼具有连续性与点积性的对立统一体, 但基于单相性概念思维, 就只好把连续统定义成为点集或实数集. 这样一来, 连续统就成为由点组成的数学结构. 这也就是 Cantor、Dedekind 所做的重要贡献, 它对数学分析的理论奠基, 具有不可替代的重要作用.

可是相异实数点是互不接触的, 它们是彼此外在的, 怎么能形成处处具有连接性的连续统呢? 这也就是直觉主义派数学家始终否定"点集论模式"的一个重要原因.

由上所论, 可见单相性的数学概念思维, 就在根本上决定了它对具有"双相性的事物"是不可能做出全面反映的. 换言之, 不容许存在矛盾的数学概念这一禁律也就规定了同时反映双相性(一对矛盾性质)的数学概念是不能存在的.

正是受到上面所举例子的启发, 曾使笔者与合作者郑毓信、王前等在多年前就提出并讨论了"关于抽象形式思维的不完全性原理", 或称之为"思不全原理"(参见文献[5]、[6]). 这一原理揭示了数学概念思维的局限性, 指出了具有双相性结构的事物难以成为数学概念对象. 故从本体论着眼, 数学理念世界(例如, Russell 在其《数学原理》中就只讨论算术连续统, 他只好避而不谈双相性的真实连续统)是不可能完全的.

以上是我们对现代柏拉图主义的第二点修正和补充.

最后我们要谈到的是一个未解决问题, 即如何看待和分析柏拉图主义中的所谓"先定和谐"问题. 这个问题涉及到人类的主观思维(如理性思维或数学思维)为何常常能与客观实在和谐一致的问题. 例如, 许多纯数学的理论成果常常能被后来众多的实际应用所验证, 那就是理性思维成果和客观实在往往一致的例证. 西方有些科学哲学家把这其中的"先定和谐"关系说成是因为在客观实在世界与人的心智间存在着某种"同构"关系. 当然这里所用"同构"一词的涵义应比数学中的同构概念广得多. 但是为什么会有那样的同构? 同构是怎样建成的? 其内在机制又如何? 这些都是需要深究的问题.

从辩证唯物主义的观点来看, 答案可能是简单的, 因为物质世界的物质具有统一性(或同一性),而具有心智作用的人脑反映器本是物质世界的产物,"反映"和"被反映"都是物质世界中的自然现象,故其间存在"同构关系"也是很自然的了.

但是上述解释毕竟太简单了.笔者希望对上述问题感兴趣的数学教育者和科研工作者能进行深入研究,并相信今后取得的任何有意义的成果都将会对数学教育研究和数学教学法研究带来深刻启示.在下面最后一节中我们还将举一些具体例子,以说明"主客观同构"的意义.

5　几点补充性注记

(1)具有心智作用的"人脑反映器"无疑是现今地球上经历了漫长的进化而产生的一种最高级的物质组织形式.它除了对物质世界的客观事物关系具有分析、综合、抽象概括、形成概念,并运用各种抽象度的概念进行形式推理的能力之外,还能摹写运动过程,反映运动变化中的"飞跃"状态,从而导致极限概念及其理论表述形式的出现.通过反思即不难觉察:人脑反映运动快慢的直觉映象(表现变化过程的"心象")与运动速度 $v = \lim\limits_{\Delta t \to 0} \dfrac{\Delta s}{\Delta t}$ 及加速度概念 $a = \lim\limits_{\Delta t \to 0} \dfrac{\Delta v}{\Delta t}$ 的形式化定义过程的两者之间,确实存在着某种一一对应关系,而定义形式又对应于实在关系.这就是主观思维形式与客观实在关系之间的"同构关系".事实上,数学中的许多发现和发明都是人们不自觉地利用了"主客观对应"的同构关系获得的.甚至爱因斯坦用理想实验证实物理原理,也是利用了同构关系.我们认为,重视"数学直觉映象"与"主客观同构关系"也是培养具有创新能力的人才的一条有用原则.

(2)关于"抽象思维的不完全性原理",还可做如下的说明:人脑反映机制的本能就是对事物存在关系形式的映象加以分解和综合(概括).这就决定了抽象思维必然是对实际存在的诸环节实行不可分离的分离,一方面抓住某本质(或本质的特定方面),视之为特征,概括为普遍属性,形成概念作为逻辑推理的出发点;另一方面彻底扬弃其他环节,使这些环节不再出现在往后的形式推理内容中.如此继续进行便会导致理论结果脱离实际或与常识相背离.这说明数学概念抽象的单相性要求乃是不完全性原理的根本由来,也是产生"悖论"的根源之一. 作为举例, 人们只需考察一下 Cantor 直线连续统的"点集论模式"(一种对真实连续统的单相性抽象物)以及一一对应方式下的无穷集等价(基数相同)概念, 可用以逻辑地推论出几何体之间的等价与维数无关的命题. 更令人惊奇的是纯点集论模式还可导致 Banach-Tarski 的"怪球悖论", 如此等.

(3)Gödel 不完全性定理指出了任何包含有一个"形式数论"(或递归算术)的数学系统都是不完全的(即总可在其中找到一命题, 既不能证其真, 也不能证其假), 再加上抽象思维本身的不完全性, 所以数学科学本身或其所代表的数学理念世界, 都是不可能完全的. 因此无论是数学的理论研究还是应用研究, 其是否具有客观真理性的最终判断, 不能只看模式真理性, 还必须依靠实践检验真理的准则.

(4)应进一步指出的是, 不仅是人脑数学思维中出现的"心象"能与客观实在关系之间形成"同构"(一一对应), 而且连那些含有象征意义的数学符号形式也会体现出"同构关系"的性质. 这就是为什么莱布尼兹的微积分符号系统能成为进一步推进微积分学发展的缘由. 还有一个常引起人们感到有趣的问题是: 可否解释欧拉公式 $e^{i\pi} = -1$ 能与人脑思维过程的心象同构呢? 其实, 只要在较高的抽象层次上考虑问题, 答案还是肯定的. 既然人们早已通过演算得知有基本公式 $e^{i\theta} = \cos\theta + i\sin\theta$, 还有复数 $e^{i\theta}$ 在高斯平面上的矢量表示法, 这就在人脑中形成了复数的几何图像, 而当 θ 从 0 变动到 π 时, 复数平面上的动点 $e^{i\theta}$ 也就沿单位圆周转动到实轴上的 -1 坐标处. 这说明心象中的运动过程会对应地引导出数学结论 $e^{i\pi} = -1$.

一般说来, 由于大部分数学已发展成为多层次的抽象结构物, 所以主客观之间的"同构", 有时必须在较高抽象度的层面上来分析才有可能体会到. 自觉地去理解同构, 无疑对数学与科研都是有利的.

参考文献

[1] 王前. 数学哲学引论[M]. 沈阳: 辽宁教育出版社, 2002.

[2] 林夏水. 数学哲学[M]. 北京: 商务印书馆, 2003.

[3] 夏基松, 郑毓信. 西方数学哲学[M]. 北京: 人民出版社, 1986.

[4] 王浩,邓庆生.哥德尔的数学客观主义[J].北京大学学报:哲学社会科学版,1987,24(1):30-36.

[5] 徐利治,郑毓信.略论数学真理及真理性程度[J].自然辩证法研究,1988,4(1):22-27.

[6] 徐利治,王前.论自然数列的二重性与双相无限性及其对数学发展的影响[J].工科数学,1994(s1):1-8.

编后记

2017 年 9 月,徐利治老师迎来了 97 岁寿辰。

犹记今年年初,探望徐老师之时,他正端坐于书房,拿着放大镜,兴致盎然地翻看着专业书籍。看到我们来了,便热情地与我们握手寒暄。在交谈中,说到浓处,徐老师还会神采奕奕地聊起最近在研究哪些有趣的问题,接下来还想写哪些方面的文章,等等。

对于这样一位走过了漫长治学道路与教育生涯的老先生,我们一直都在致力于整理其学术著作与思想成果——这些思想超越时间,历久弥新,对过去、现在和未来,都有着巨大的启迪作用。

2008 年,我们曾整理出版过徐老师的一批论文与著作,共 6 种,前后印刷 2 次,目前已无库存。2016 年,徐老师主编的"数学科学文化理念传播丛书"再版,前后两辑共 20 种,后经几次重印,并被科技部评选为"2016 年全国优秀科普作品"。

为了更好地传播数学的文化品格与文化理念,在我们的提议下,徐老师将其著作中那些最通俗易懂、阐述数学科学文化理念的文章加以整理,汇聚成 4 卷论述数学思想、数学哲学与数学教育的著作,集结为"数学科学文化理念传播丛书(第三辑)·徐利治数学科学选讲",以飨读者。

怀着对徐老师孜孜不倦、春风化雨品格的敬意,也为了使读者获得更优质的阅读体验,本次出版,我们对全部书稿进行了精心编辑。

根据文章之间的相互关联,我们将同一主题的文章进行了适当合并。例如,《悖论与数学基础问题(补充一)》和《悖论与数学基础问题(补充二)》合并为《悖论与数学基础问题(补充)》。做类似处理的还有

《Berkeley 悖论与点态连续性概念及有关问题》与《关于〈Berkeley 悖论与点态连续性概念及有关问题〉的注记》。

有些参考文献年代过于久远，难以查到确切的出处信息，但鉴于其史料价值，依然保留。有些文献在文章中并没有引用；有些文献虽然引用，但没有严格遵循顺序编码制。对于此类情况，我们均保留了原参考文献，以便于读者索引更多相关文章；同时保留了原文献的编码顺序，并修正了引用有误之处。

我们沿承了原始文章中以英文（法文）人名为主的语言风格，并在本辑中按此标准进行了统一。俄国学者人名则采用读者更熟悉的中文名字，如柯尔莫哥洛夫、罗巴切夫斯基等。以数学家名字命名的定理与公式等，也做了相同的处理。

在编辑书稿的过程中，我们与徐老师有过几次会面，并有幸参观了他老人家的书房。印象最深的是徐老师的书架，占了整整一面墙，上面的典籍与著作卷帙浩繁。其中一些藏书历经时光冲洗，已经开始泛黄——它们已经陪伴徐老师走过了数十载岁月华年。打开书页，字里行间，疏密有致的边注与圈点勾画依稀可见。

这些穿越时间的经典凝聚着数学大师们毕生的思想精华，让这些宝贵的思想泽被后世、薪火相传，是我们做这套书的初衷，也是我们未来努力的方向。